■ 剑桥历史分类读本

剑桥历史分类读本

世界建筑的历史

丁牧 主编

中国商务出版社
CHINA COMMERCE AND TRADE PRESS

图书在版编目（CIP）数据

世界建筑的历史 / 丁牧主编 . -- 北京 : 中国商务出版社，2018.3

（剑桥历史分类读本）

ISBN 978-7-5103-2354-6

Ⅰ . ①世… Ⅱ . ①丁… Ⅲ . ①建筑史－世界 Ⅳ . ① TU-091

中国版本图书馆 CIP 数据核字 (2018) 第 055433 号

剑桥历史分类读本

世界建筑的历史

SHIJIE JIANZHU DE LISHI

丁牧 主编

出　　版：中国商务出版社

地　　址：北京市东城区安定门外大街东后巷 28 号　　邮编：100710

责任部门：中国商务出版社 商务与文化事业部（010—64515151）

总 发 行：中国商务出版社 商务与文化事业部（010—64226011）

责任编辑：崔 笏

网　　址：http://www.cctpress.com

邮　　箱：shangwuyuwenhua@126.com

排　　版：北斗星设计

印　　刷：北京市松源印刷有限公司

开　　本：700 毫米 ×1000 毫米　　1/16

印　　张：14.5　　字　　数：212 千字

版　　次：2018 年 3 月第 1 版　　印　　次：2022 年 1 月第 2 次印刷

书　　号：978-7-5103-2354-6

定　　价：42.00 元

凡所购本版图书有印装质量问题，请与本社总编室联系（电话：010-64212247）。

编委会

序

我在大学任教多年，一个较明显的体会是，许多学生对人类文化发展的历史知之甚少。就是说，那些人类传承下来的宝贵历史财富，许多学生并没有很好地吸收接纳。古人曾指出“以史为镜，可以知兴替”，所以说，了解人类文化的历史，是很重要的。了解历史能使我们开阔视野，吸取经验教训，明白人类是如何走到今天，这对我们的成长大有裨益。

读历史很重要，如何选择历史读本也很重要。剑桥大学编纂出版的历史类图书，是世界公认的最权威、最全面的历史图书之一，剑桥大学不但出版按国别区分的历史类图书，而且还出版了按类别区分的历史类图书。阅读学习这样的史书，对读者的帮助很大。

现在摆在你面前的这套“剑桥历史分类读本”，就是参照了剑桥大学出版的大量分类历史图书的体例，又借鉴了我们国内相关历史类图书的写作方式，按照中国人的阅读习惯，精心筛选，重新编写而成的。另外，每册图书又配以近200张彩色图片，力求用图说的形式和通俗易懂的语言，更为生动形象地讲述历史。

相信这套图文并茂的“剑桥历史分类读本”，无论对于在校的中学生、大学生，还是已步入社会的青年朋友，都是值得一读的，它既能让你获得美的享受，又能让你得到思想的启迪。因此，我特向你推荐这套开卷有益的图书。是为序。

丁　牧

中央电视台《百家讲坛》主讲人

北京电影学院文学系教授、博士生导师

前言

剑桥大学编纂出版的历史类图书，是世界公认的最权威、最全面的历史图书之一，剑桥大学不但出版按国别区分的历史类图书，而且还出版了按类别区分的历史类图书。

剑桥大学出版的历史图书有两个显著的特点：一是撰写历史时，大都是放在大的文化背景下阐述，有着文化的历史的标志；二是这些历史图书大多不是刻板生硬的教材，而是用通俗易懂的文字来描述历史。这是我们这套丛书参照编写的原因。

中国的大学生以及毕业后走上工作岗位的白领们，由于初高中时期繁重的作业及应试压力，他们对于人类的历史只是一知半解，对于那些人类传承下来的宝贵的历史财富，并没有很好地吸收和接纳。古人曾指出“以史为镜，可以知兴替”，所以说，了解人类的历史是一件很重要的事情，这将使我们在人生的道路上终身受益。

本套丛书参照剑桥大学编纂出版的按类别区分的历史类图书，同时也参照其按国别区分的历史类图书，在此基础上，又结合了我们国内历史类图书的内容，这样就形成了本套图书的体例。

虽然剑桥大学的历史图书比较通俗，但对于非历史专业的读者来说，读起来还是有些困难。所以，为达到通俗易懂的目的，本套丛书在形成的体例基础上，以大事件将历史串联起来，同时每册图书还配以近 200 张彩色图片。不仅如此，每册图书都是以历史真实事件为基础、用故事性的描述语言编写完成的。

希望经过我们的努力打造出的这套丛书，能得到读者朋友们的喜爱。

《剑桥艺术史》指出："宗教统治者中有许多人拥有豪华的宫殿，他们鼓励艺术。巴洛克画家直截了当地完成了自己的使命，巴洛克建筑则用简单强制的语言维护政治和宗教信条。"

在远古时期，欧洲一些地方留下了许多建筑奇迹。像马耳他巨石神庙、索尔兹伯里巨石阵、米诺斯迷宫等，这是西方建筑的萌芽。

古希腊建筑有其特殊的梁柱结构、建筑构件特定的组合方式，这对西方的建筑产生了深远影响。古罗马时期的建筑一般以厚实的砖石墙、半圆形拱券、逐层挑出的门框装饰和交叉拱顶结构为主要特点。

中世纪建筑以哥德式建筑为典型代表。它最突出的风格就是高耸入云的尖顶及窗户上巨大斑斓的玻璃画。

文艺复兴建筑在造型上排斥象征神权至上的哥特建筑，提倡复兴古希腊罗马时期的建筑形式，特别是古典柱式建筑。

17世纪巴洛克式建筑兴起，其外形自由，追求动态，造型繁复，富于变化，喜好富丽的装饰和雕刻。

18世纪出现的洛可可风格建筑追求细腻柔媚、偏于繁琐、喜用弧线和S形线，色彩上多用嫩绿和玫瑰红。18世纪中后期出现了古典主义建筑，它以古希腊罗马的柱廊、庙宇、凯旋门和纪功柱为榜样。

19世纪折中主义和功能主义建筑出现。折中主义建筑师任意模仿历史上各种建筑风格。功能主义建筑师认为建筑不仅形式必须反映功能，建筑平面布局和空间组合必须以功能为依据。

20世纪之后大量现代主义建筑产生。这时的建筑师摆脱了传统建筑形式的束缚，大胆创造适应于工业化要求的崭新建筑，主张积极采用新材料、新结构。

东方建筑中可圈可点的杰作也有不少，像印度尼西亚的婆罗浮屠、日本的法隆寺、柬埔寨的吴哥窟、印度的泰姬陵等。

目 录

第一章 远古建筑

到公元前 8 世纪中叶，也就是荷马史诗形成的时代，工匠们已经能制作高大的陶土墓碑了，上面饰以精细的花纹。很快，人口增长推动了希腊居民向外迁徙……到公元前 7 世纪中叶，许多早期的希腊人已经学到了两项技术，即写作和雕刻，就是这两项技术，让他们创造出后来名垂千古的文学和雕塑作品。

——《剑桥艺术史》

马耳他巨石神庙

位于利比亚与西西里岛之间马耳他岛上的蒙娜亚德拉神庙，是远古人类精心设计的、由巨石垒成的奇妙而庞大的建筑物，反映了人类在1.2万前年就具有了利用建筑对太阳光进行观测的智慧。

万年前的太阳神庙

在利比亚与西西里岛之间的马耳他岛和戈佐岛上，有7个巨石神庙，离大海峡只有0.5千米。考古学家认为，其中的蒙娜亚德拉神庙建于公元前10205年，距今已有1.2万年的历史。

蒙娜亚德拉神庙是精心设计的庞大而奇妙的建筑物，又称“太阳神庙”，因为在夏至的日出时分，太阳光擦着神庙出口处右边的独石柱射进后面椭圆形的房间里，正好在房间左侧的一块独石柱上形成一道细长的竖直光柱，照亮了房间中部巨大的祭坛石。

一位马耳他绘图员曾经仔细测量过，这道光柱的位置随着年代的不同而改变。在公元前10000年时，这道光柱如同激光一样笔直射向后面更远一些的祭坛石的中心；至公元前3700年时，光线则偏离了这块独石柱射向它后面一块石头的边缘。

不过，在冬至的日出时分，上述情况又出现了，但这次，光柱会出现在相对应的另一侧，并也照亮了房间中部的祭坛石。

这样，在冬至日和夏至日，分别在左右两边相对应的独石柱形成了一道光柱，这两根独石柱可称为“日历柱”。

西方史前建筑的高峰

马耳他的巨石神庙堪称西方史前建筑的高峰。其中最引人注目的，当数公元前3600年在戈佐岛上的詹蒂亚综合建筑，它展现出超人的建筑艺术。

蒙娜亚德拉神庙的中央大厅内，耸立着直接由巨大的石料凿成的大圆

马耳他巨石庙鸟瞰图

柱和小支柱，支撑着半圆形屋顶，其整体轮廓看起来如同一片三叶苜蓿的叶子。

这座神庙由上下交错、多层重叠的多层房间组成，还有一些大小不等的壁孔。整个建筑线条清晰，棱角分明。

另外，对当时的建筑者来说，资源极度有限，从这一点来看，它们可视为举世无双的建筑精品。马耳他寺庙传统在塔哈格拉特和斯科巴得到了不断发展。

到目前为止，马耳他群岛上已发现了 30 座神殿。其中最著名的是杰刚梯亚神殿，修建于公元前 24 世纪以前。它面向东南，背朝西北，用硬质的珊瑚石灰岩巨石建成，是属于新石器时代晚期的古迹。神殿外墙的最后部分所用的石材高达 6 米，最大的巨石重达几十吨。

在那久远的年代，人们如何能用原始工具将这样巨大的石块运送到工地，并用于建筑之中，至今都是一个不可思议的奇迹。

这座现存于世界上的最古老的神殿，其建筑结构异常复杂，工艺堪称精湛。神殿建筑美观典雅，殿内供奉着的肥腴女性石雕像，当为远古时代生育旺盛的大地之母之象征。

位于马耳他群岛南部克雷蒂的哈格尔基姆神殿，年代稍晚于杰刚梯亚神殿，但从技术上要先进得多，巨石之间砌垒得严丝合缝，令人叹为观止，是当时建筑技术的极品。

在该庙宇中的很多石头的位置，都经过了精心的调整。比如那块长达

马耳他巨石神庙近景

660米的铺路大石板，是马耳他群岛中最令人瞩目的巨石块。

在神庙中，有一块状似烟囱的大石头。神庙有很多门，均由完整的大石头搭成，石上有雕刻和一些古代的书写符号。而据传说，“哈格尔基姆”在古代就是“大石头”的意思。

在戈佐岛上，有两座庙宇都取名“詹蒂亚”，这在马耳他语中是“大得惊人”之意。二者中较大的一座，含有3个约有30米宽的苜蓿形状的房间，其中最大房间的前院有一个石圈，当为做仪式时所用的炭盆；在后部，有一个状似桌子的结构，尚不清楚它的具体用途。

马耳他的这些巨石所建的远古建筑，虽经悠久岁月而多有毁坍，但基本结构仍较完好，气魄宏大。所用石灰石材质，有的粗加雕凿，有的精琢细磨；墙上均有粉饰，有的尚能显示出当年雕刻的精细程度。

在这些巨石建筑遗迹中，有一些黝黑的凹室，类似神龛；另外较平滑的石块好像祭坛，可见这些是为祭祀所建，因此肯定其为古代的神庙无疑。

马耳他神庙精准、独特的建筑反映了人类先民的非凡智慧。其卓越的建筑艺术，甚至可以成为今天建筑工程师们的典范，因而赢得了“露天历史博物馆”的美誉。

索尔兹伯里巨石阵

英格兰的索尔兹伯里巨石阵，是个谜一般的古代建筑遗迹。它们有的是单独的一块石头；有的是巨石组成的石环；还有的是巨石构成的石室。这些巨大而高耸的石块，共同的特色是当地并不是石场，而是从远处迁运过来的。

矗立于平原上的巨石阵

在英格兰南部，是一望无际的索尔兹伯里平原。就在这里，孤零零地竖立着巨形方石柱的灰白石柱圆阵。据考证，这个巨石阵创建于公元前3000年到公元前1600年，故被称为索尔兹伯里巨石阵遗迹。

这座巨石阵遗迹远远望去，在广阔的平原上显得十分渺小、貌不惊人。只有走至近前时，才显出它的壮观与神奇。千百年来，许多石柱仍在原地兀立不倒，并且搭成了独特的结构式样，石柱上4000多年前人工雕凿的痕迹依稀可辨；同时，风霜雨雪在砂岩石块那些薄弱的地方，侵蚀成奇形怪状的洞孔和罅隙，显示出人类智慧的伟大和大自然力量的神奇。

这些巨形方石柱均经过人工雕凿，直立的石柱顶上放着互相接连的楣石，但它们并不只是一块四边笔直的石板，而是每块楣石都被凿出一定的弧度，拼凑起来，合成一个圆形石阵。

直立石柱的中段较粗，形如许多古希腊庙宇的支柱，有着明显的透视效果：从下面仰望时，就觉得石柱都是笔直的；最内层那些楣石也被凿成两头微尖的形状。

留下千古谜团任人评说

从索尔兹伯里平原上发现石阵，无数人都想破解这一跟埃及金字塔一样的千古之谜，千百年来，众说纷纭：

近年来，从巨石阵挖掘出一颗人类头骨，考古科学家根据其下颚上和

索尔兹伯里巨石阵

第四颈椎上发现的明显的切痕，判断这颗头颅是被利剑齐齐砍下的。而且这是一座单独的墓穴，因此他并非死于战争，而是被执行了斩刑。由此判断，该遗址很可能是一个古代刑场。

遗址中巨大的石块，由于其三石结构分布方位特殊，每当日落时分，在岩石和周围的地面上都会形成一些异乎寻常的影子，组成一个个同心圆的拱门，它们都朝向太阳或星座。因此有人认为，巨石阵最初很有可能是一个精密的天文观象台。

英属哥伦比亚大学的女性学家安东尼·皮克斯的看法则颇为独特，她认为，综观整个巨石阵，显然是女性的生殖器官的形状，所以当为生殖崇拜的象征。

1808年，英国古文物学家霍尔在巨石阵附近发现了几座史前坟墓，并出土了一具高大硕壮的男人骸骨和斧头、匕首等仪式冥器，还有一支一端镶嵌光滑石头的权杖，另有用骨雕成的托板。

这些冥器加上巨石阵的特殊结构，使霍尔及他同代的考古学家都相信，这些技艺当为外族传入。这样推断，或许是一小批外来侵略者曾经在此定居过，并指使技艺较差的土著建立这座巨形方石柱。

巨石阵是个谜一样的遗迹，在没有能力建筑高楼大厦的石器时代，古人为后人留下了这么多巨大的石头建筑遗迹，同时也留给了后人猜不透、想不明的千古之谜。

米诺斯迷宫独具一格

米诺斯迷宫是人类文明的发源地之一——爱琴海地区最有代表性的建筑遗迹。这座宫殿的建筑独具一格，极富建筑美感与传奇色彩，它的建筑文化反映了在公元前1500年，爱琴海第一个主要文明全盛时期的文明成就。

源于希腊神话的古老建筑

爱琴海地区是人类文明的发源地之一，拥有很多的古老建筑遗迹。而其中最有代表性的，当属米诺斯迷宫。

传说在远古时代，米诺斯的国王统治着克里特岛。但是，国王的儿子却被雅典人谋杀了。米诺斯在天神的帮助下，为雅典降下了灾荒和瘟疫，雅典人大批死亡，米诺斯终于为儿子复仇了。

雅典为了减少伤亡，只得向米诺斯求和。米诺斯同意讲和，不过他提出，每年雅典人都得进奉七对童男童女到克里特岛。

米诺斯之所以提出这个条件，因为在岛上的迷宫里，有一只人身牛头的怪兽，它是王后与一头公牛结合后生下的怪物。怪兽生性凶残，嗜吃人肉，这七对童男童女就是为它准备的。

到了雅典人供奉童男童女的时候，城内一片哀鸣，有孩子的人家都害怕灾难降临到他们的头上。雅典爱琴国王的儿子忒修斯正义而勇敢，他决定与被选中的童男童女们一起到克里特岛去，然后借机杀死怪兽，解除雅典人们的苦难。

忒修斯临走前与父亲约定，如果他成功地杀死怪兽并脱险，会在返航时将船上的黑帆变成白帆。

忒修斯和童男童女一起上了克里特岛。他长得英俊潇洒，米诺斯美丽聪明的阿里阿德涅公主对忒修斯一见钟情。她送给忒修斯一把无比锋利的魔剑，还送给他一个可以辨别方向的线球。

忒修斯有了这两件宝物，信心百倍地进入迷宫，将线球的一端拴在迷宫的入口处，然后手拿线团，一边放线一边走入复杂通道的深处。当发现

米诺斯迷宫遗址

怪兽后，经过一场恶战，用魔剑将怪兽杀死了。然后，他沿着来时放下的线顺利走出了迷宫，在公主的帮助下逃出了克里特岛，起航回国。

忒修斯和童男童女经过几天的航行，终于到达雅典近海了。但由于解除了灾难，大家只顾高兴，一路上又唱又跳，却忘了把黑帆改成白帆。

爱琴国王在海边一直翘首等待儿子归来，当他看到归来的船挂的仍是黑帆时，就认为儿子已被怪兽吃掉了，绝望之下投海自杀了。

后人为了纪念他，便将国王自杀的那片海叫作爱琴海；而“克里特岛的迷宫”的传说也千古流传。

宏大气派的建筑群

可惜的是，因为米诺斯迷宫邻近的桑托林岛发生毁灭性的火山爆发，迷宫变成了一片废墟。公元 1900 年，英国考古学家阿瑟·伊文思率领的考古队来到克里特岛，经过 3 年的艰苦发掘，终于发现了这座巨大王宫。

米诺斯迷宫不只是一两个宫殿，而是一个庞大的建筑群，分为两个部分，即东宫和西宫。从现在的遗迹中，仍可以看出当时宫殿的宏大壮观和非凡气派。其建筑文明反映了在公元前 1500 年，爱琴海第一个主要文明全盛时期的文明成就。

王宫共有国王宝殿、王后寝宫、王族宫室、有宗教意义的双斧宫，以及祭祀室、贮藏库等各种宫室 1700 余间。

米诺斯人并不讲求对称之道，这里的各种宫室都是随意兴建的。一条条长廊、门厅、通道、阶梯、复道和一扇扇重门把各种宫室连接在一起。房屋和院落之间高低错落，曲折多变，真是曲径通幽，让人眼花缭乱。

米诺斯迷宫入口有好几个，从宫内房间的布局看来，东西宫的作用并不相同，西宫似乎专为宗教活动而设，而东宫是日常起居的地方，它建在山坡上，俯瞰庭院。木匠、陶工、石匠和珠宝匠的作坊在东侧的一端。

经过大阶梯，可以到达另一端的王室寝宫。寝宫四面都有上粗下细的圆柱，具备王宫建筑的特有风貌。而大厅的设计，既确保了冬天的温暖，又保证了夏天的通风。这在今天看来都是十分科学的，仿佛一个天然的大空调。

米诺斯迷宫多采用了许多宽大的窗口和柱廊来采光通风。这些窗口和天井宽窄不同，高矮各异，但都精巧地组合在一起，使王宫的空间姿态万千，变化多样。

经过中央庭院，可以到达西宫。西宫是容纳 16 人同时觐见国王的富丽堂皇的觐见室，室内宽敞明亮。

王后大厅富丽堂皇、豪华精美，排水系统、浴池、抽水马桶等设备一应俱全，可略见米诺斯迷宫建筑的精美程度可谓举世无双。

米诺斯迷宫遗址

古埃及金字塔创造建筑的奇迹

金字塔是举世闻名的古代七大奇迹之一。在千年沧桑中，其他很多奇迹都先后毁灭，但埃及金字塔却依旧傲然屹立着。金字塔身上凝结了古埃及人民的智慧和力量，它是石头与艺术的集合，在建筑艺术上创造了辉煌的业绩。

世界七大建筑奇迹之一

在非洲的文明古国之一埃及，共发现了 96 座金字塔，组成了吉萨金字塔。其中开罗郊区的古埃及国王胡夫、哈夫拉和门卡乌拉 3 个金字塔体型最大，被誉为古代世界七大建筑奇迹之一。

相传在古埃及第三王朝之前有一种丧葬习俗，不管是王公大臣还是平民百姓，死后都会被葬在长方形的“马斯塔巴”坟墓中，这个词有高尚的意思。

公元前 2750 年，宰相伊姆霍特普奉命给埃及法老左塞王设计陵墓时，他大胆创新，发明了一种新的建筑方法：采下呈方形的石块，建成一个六级梯形分层的陵墓，这就是最早的金字塔雏形。由于塔底座四方形，每个侧面是等边三角形，与汉字的“金”字很相似，所以中国人将其叫作“金字塔”。

左塞王建造金字塔之后，埃及的很多法老都纷纷效仿，由此，古埃及历史上就掀起了一股营造金字塔之风。

不过，关于金字塔的建筑功能，千百年来还存在巨大的争议。

比如在吉萨三大金字塔中，数第四王朝第二个国王胡夫的金字塔最为著名，建于公元前 2690 年左右，原高 146.5 米，其结构严密，规模宏大壮观，一直是世界上最高的建筑物。

但在金字塔中，却并没有发现胡夫的木乃伊，因此学术界一直质疑这座金字塔是胡夫的陵墓。有专家指出，在古埃及人处于蛮荒时期，不可能达到如此高的科技水平，胡夫大金字塔根本不是古埃及人造的，而是外星

吉萨三大金字塔

来客建造的。它更非胡夫的陵墓，而是外星人在地球上建的一个UFO降落地点。

还有专家认为，是消失了的亚特兰蒂斯岛国的先民建造了胡夫金字塔。

精湛绝伦的建筑工艺

金字塔之所以在建造功能上留下许多谜团，是缘于它那令人无法理解的建造工艺。

比如胡夫大金字塔，塔底座面积52900平方米，其中每边长220米至230米，三角面斜度52° 。它规模宏大，由230万块石块砌成，其中外层约有11.5万块，石块大小相当于一辆小汽车，更大的甚至有15吨重。

那么，这么多石块从哪里弄来的呢？有一种说法认为，这些石块就来自于吉萨附近，在大金字塔建筑地点南面有一个采石场，采石工人在那里用铜制凿刀将巨石凿些小孔，然后在小孔内打入木楔，再在木楔上面浇水，木楔浸水后膨胀，就可以将石块胀裂。

一名法国工业化学家提出另一个说法。他认为这些石块并非开凿的，而是由石灰、岩石、贝壳等物质黏合而成。他依石块中发现有人的头发来作为证明，不过，这种黏合剂在古籍中并无记载，而且化学家使用现代的技术，也没有分析出这种黏合剂。

同时，胡夫大金字塔修建1000年以后，埃及才从国外引进了车、马等交通工具。在当时的落后条件下，他们又是怎样将石头运输到金字塔工地的呢?

有人认为，使用的是“撬板圆木棍运法”。但是这种方法需要消耗大量的木材，当时埃及主要是棕榈树，这种树的数量、生长速度和木质硬度，都不可能满足运输石块的需要。若说埃及从国外进口木材，那难度会更大。

狮身人面像与金字塔

也有人提出，在吉萨当地出产一种黏土，在它铺成的路面上洒水，就会变得很滑，沉重的石块就可以在上面滑行。但这需要足够的水量，而且很费力。

还有人认为，使用的是水运法。但新的问题是，在当时没有绞车等起重设备的条件下，巨石下坡、上船、上岸远比陆地撬运还困难！

这个谜团暂放一边，就算巨石能被搬运到金字塔的工地上，那又是如何砌垒成金字塔的呢？希罗多德曾记载，当时是用杠杆把巨石一块块地搬上去的。

而现代学者却推测，搬运巨大石块采用的是“斜面上升法”，即从采石场用麻绳牵引移动石块到场地，再在金字塔的每一边上建起高的斜坡通路，再向上运送石块。

也有人认为，可以在金字塔的一个侧面运用梯形的斜面，这样运起来更简便。

甚至还有人提出，古埃及人可能是利用超级大风筝将巨石吊运上金字塔顶端的。

胡夫金字塔不仅作为伟大的人类建筑永载史册，而且也留下了如此多的未解之谜，吸引着人们去研究、探索。

卡纳克神庙为祭祀太阳而建

卡纳克神庙是古埃及最大的神庙，是为了祭祀太阳神阿蒙而专门建造的。这座建筑最令人称道的是它那由石梁石柱构成的大柱厅，它们是卡纳克神庙建筑艺术的集大成者，是卡纳克神庙之所以名垂千古的原因所在。

底比斯城的太阳神庙

卡纳克神庙位于埃及开罗以南700千米处的尼罗河东岸，是埃及中王国及新王国时期首都底比斯的一部分。

卡纳克神庙是为了祭祀太阳神阿蒙而专门建造的。

据传说，阿蒙原是一位地方神，庇护着尼罗河的上游城市底比斯。古埃及帝国建立后，底比斯成为了国家的政治、文化和经济中心。

到了中王国时期，阿蒙这位地方神也水涨船高，一跃成为古埃及社会中的众神之首。公元前18世纪至前16世纪，古埃及人在底比斯城卡纳克修建了巨大的神庙建筑群，成为当时全国最大、最富有的神庙。

至新王国第十八王朝，神庙大加扩建；第十九、第二十王朝又续有增修。到新王国末期，它已拥有10座门楼，各座门楼又有相应的柱厅或庭院。

宛若天开的巨大宗教建筑

卡纳克神庙是一个巨大的建筑群，由4部分组成，分别是圣羊像大道、牌楼门、一个四周有柱廊的院子和大柱厅。

神庙前方，有一组模样奇特的圣羊像，这组圣羊像又称羊头狮身像，它们分两排蹲立，一直延续到巨大的牌楼门前。这些圣羊像具有较大精神教化作用，一方面增加了布局的纵深感，另一方面也在祭神时营造出庄严肃穆的气氛。

牌楼门是神庙的主入口，是由一片梯形实墙构成的庞然大物，宽113米，上厚6.3米，下厚9米，实墙中间有一个门洞，实墙面上是一些比真人大

卡纳克神庙

许多倍的浮雕图案。

门洞两边各有 4 座高达 50 米的尖碑，它们全部由花岗石砌筑而成。碑身断面下方呈正方形，上部呈方锥形，碑上装饰着镀金银或金铜的合金饰件。

牌楼门的实墙后面，有一个小院子，长 336 米，宽 110 米，被 5 道牌楼门分成 5 个越来越小的空间。

院子周围还有一圈柱廊，但这些柱子并不粗壮。另外，每根柱子的外侧还立着一尊皇帝坐像；院子中间还整齐地排着 12 根圆柱，一直延伸到第二座牌楼门。

第二座牌楼门与主入口的牌楼门在形状上是一致的，在它的后面，坐落着海普斯特尔大柱厅。

海普斯特尔大柱厅是卡纳克神庙最主要的部分，长 52 米，宽 103 米，占地 5000 平方米。

大厅内的圆柱密密排列，共有 16 行计 134 根，一眼望不到边际，产生了空间延伸之感。

中间通道的圆柱高 21 米，通道两侧的圆柱高 13 米，柱子的间距小于底径，因此，大柱厅显得低矮、密集，有强烈的压抑感。

圆柱上饰有彩色浮雕，以神话故事为题材，塑造出主宰一切的神及皇帝和重臣的“丰功伟绩”。

因为大柱厅主通道的横梁被圆柱顶部的莲花座所遮去，莲花如同浮在圆柱的上面，所以在这种环境下，人们会感觉自身存在感消失了，就像来到了另一个天国世界。

为炫耀战功建阿布辛贝神庙

阿布辛贝神庙是为了彰显法老至高无上的权力，因此，法老面部塑造得庄重威严，具有写实性。据说傍晚立于神庙前，能听到法老呜呜的声音，为其增添了几分神秘色彩。毫无疑问的是，阿布辛贝神庙在世界建筑史中占有一席之地。

颇具匠心的庙址选择

在埃及尼罗河上游的努比亚地区，有一座著名的阿布辛贝神庙，它名义上是古埃及第十九王朝皇帝拉美西斯二世为祭献太阳神阿蒙而修建的；但实际上是拉美西斯二世为炫耀自己征服努比亚的战功而建造的。

神庙的最大特点，在于它的庙址选择颇具匠心。它充分利用了努比亚地区山地众多、巉岩重叠的自然地形，建造在尼罗河一个转弯处，在河西岸的悬崖峭壁之上，步行朝拜者可以瞻仰它的雄姿，航行在尼罗河上的舟楫也能从正面感受神庙的威严。

20 世纪 60 年代初，埃及政府计划要在尼罗河上游修建阿斯旺大坝。这样一来，上游水位升高，这座著名的古建筑将会遭遇灭顶之灾。

从 1964 年开始，埃及政府为了拯救这座古建筑，用了整整 4 年时间，将这两座从山岩中凿出来的神庙，拆散后化整为零，逐个搬运到一处比原址地势高出 90 米的地方，再重新拼装，以其旧貌重建，竟然天衣无缝地保全了这罕见的人类文明古迹。

建筑与功能的巧妙结合

阿布辛贝神庙的正面，是一个高 22 米、宽 36 米的巨大牌楼门。牌楼门前安坐着 4 座拉美西斯二世表情冷漠严肃的雕像。雕像的体积巨大，几乎盖住了整个神庙的正面。

在 4 座雕像的正中，是神庙的山门。山门上方有一个小壁龛，里面安

阿布辛贝神庙

放着一尊太阳神阿蒙的小型雕像。

拉美西斯二世的脚旁还安放着皇后尼弗尔塔里和他们儿女们的雕像。这些雕像的矮小，突出了拉美西斯二世至高无上的地位。这些雕像原本都色彩鲜艳，后逐渐脱落。

进入山门就是神庙大殿，宽 16 米，深 18 米。殿内有 8 根粗大的石柱，每根石柱前立有一尊雕像，共分 4 组，从左至右分别是普塔赫神、阿蒙神、拉美西斯二世、拉・哈拉赫梯神。

大殿的墙壁上刻满了色彩鲜艳的浮雕，内容是宣扬拉美西斯二世的战争功绩。

穿过殿底中轴线上的入口，来到一个比大殿小的厅，厅内立着 4 尊精美雕像。

厅的底部有 3 个不同大小的入口，连廊再向里有 3 个神堂，中间的神堂内供奉着神庙的至高之神——“圣舟”。

神庙的一系列空间处理手法，与古埃及其他神庙建筑一脉相承；但不同的是，它并非石梁石柱砌筑而成，而是完全从岩石中凿出来的，因此能产生更为强烈的祭神效果。

神庙还有一个奇特的现象，那就是每年拉美西斯二世的生日 2 月 22 日和登基日 10 月 22 日，会有一束光线通过山门射进殿堂，先是照耀着阿蒙神像，然后又照到拉美西斯二世像，最后照到拉・哈拉赫梯像，但却从没有照到过冥界之神普塔赫像。

这种由于日照角度形成的“太阳节奇观”，是古埃及人智慧的象征。

第二章
古希腊罗马建筑

公元前5世纪雅典的住房是非常简陋的，它通常是两层建筑，用未烧焙的砖建成，有低矮的石基。入口一般沿一道墙而开，通向中心院落，有时可能拐个弯。中心院落很简单，目的是给它所通向的房间做采光和通风之用。沿街会筑起一道墙，上面只开很小的窗户，它高出街面很多，能保证私人的隐秘性。

——《剑桥艺术史》

厄庇道鲁斯剧场

厄庇道鲁斯剧场是古希腊最著名的剧场，由帕鲁克勒斯设计。罗马人曾按罗马制式，将大部分古希腊剧场进行改造，唯独厄庇道鲁斯剧场，从观众席到舞台，一点都没有加以改动。该剧场以它令人称绝的音响系统设计而闻名于世。

古希腊诞生固定剧场

古希腊戏剧是西方戏剧的起源。在初始阶段，剧作家往往兼是演员，比如古希腊三大悲剧家之一的埃斯库罗斯就是如此。

直到公元前 499 年，希腊的演员与剧作家才变为不同的人。这也是缘于埃斯库罗斯对戏剧的伟大改革，将演员的人数从《酒神颂》时的一个变成了两个，并在舞台上增添了布景，用对话代替了合唱的方式，用以推进剧情发展。

这种新的表演形式，迫切需要一个合适的、固定的表演场所。而古希腊出现固定的剧场，是从一起不幸事故之后开始的。

大约在公元前 500 年的一天，雅典人在木制的看台边观看戏剧时，木制看台坍塌，很多人受伤。雅典人以此为戒，决定在雅典卫城南坡上，用石头建造一座露天半圆形剧场。

自此以后，希腊各城邦纷纷建立类似的剧场，来观赏这样新型的戏剧。

最伟大的剧场建筑

古希腊最著名的剧场，非帕鲁克勒斯设计的厄庇道鲁斯剧场莫属。古希腊有 3 个主要戏剧节，数每年三四月分举行的“酒神大节”最有名。在节日里，厄庇道鲁斯剧场就成为了城内最繁闹的地方。

厄庇道鲁斯剧场分阶梯状座位和中央舞台两大部分。

阶梯状座位最多能容纳 12000 名观众，后一排的座位比前一排稍微高

厄庇道鲁斯剧场遗址

些，所以前面的几排座位可能是斜靠式的。另外，前面的和中间的两排座位靠背比较高。所有座位的下面都被掏空了，以便在其他观众通过时，观众可以抽回脚。前排的座位旁有脚凳，背后的通道也比较宽。

公元前4世纪，歌队在希腊戏剧中的重要性日益下降，而演员的作用却逐渐上升。这意味着，在厄庇道鲁斯这样的剧场建筑物中，人们对舞台的关注则变得更强烈。

在厄庇道鲁斯剧场的中央舞台前面，还建有一个供合唱队队员唱歌、跳舞的圆形舞蹈场，组成乐池。

在乐池的后面，拥有一个长条形的大厅，大厅上还有一个中心高台，是作为神灵、飞翔的战车和巨型蜣螂等在演出时从天而降的基地。

剧场最为独到和令人称绝的是它独特的音响系统的设计，即使最后一排的听众，也能清楚地听到舞台上演员的细小的说话声。

这种绝妙的音响效果，是通过在座位下面埋藏空瓮，将瓮口对准呈完美圆形的乐池而得到的。

罗马人占领希腊时，曾按罗马制式将大部分古希腊剧场进行改造，唯独厄庇道鲁斯剧场，从观众席到舞台都没改动过，从而能使后人领略到原汁原味的古希腊剧场建筑艺术。

古希腊最繁荣时建巴特农神庙

古希腊巴特农神庙建于它最繁荣的古典时期，整个庙宇的建筑艺术反复运用毕达哥拉斯定理，尺度合宜、比例匀称，以无与伦比的美丽和谐、典雅精致达到了古典建筑艺术的巅峰，被公推为“难以企及的典范”而举世瞩目。

雅典卫城的神庙

位于雅典市中心山丘上的卫城，始建于公元前 580 年，它沿山冈分布，高低错落，布局自由，主次分明，是希腊最杰出的古建筑群，也是当时的宗教政治的中心地和防御要塞。

公元前 480 年，雅典卫城被波斯人所焚毁。希腊人在取得对波斯战役的胜利后，又决定重建卫城。

雅典卫城集中体现出希腊建筑在空间安排上的一个重要原则，那就是一个个本身结构呈现完美对称的建筑物，在古希腊建筑家的巧妙安排下，在空间上依傍地势上的落差，以不对称的方式进行排列，从而使建筑的每一部分都从某个角度上呈现出透视效果。

在西方建筑史中，雅典卫城被列为建筑群体组合艺术中的一个极为成功的实例。它主要由 3 部分构成，即供奉海神波塞冬的厄瑞克忒翁神庙、供奉女神雅典娜的巴特农神庙和供奉胜利女神的胜利女神庙。

几大神庙创造出变化极为丰富的景观和透视效果；环绕卫城时，能看到不断变化的建筑景象。

而这其中，最优秀的建筑就是巴特农神庙。

和谐完美的巴特农神庙

巴特农神庙又称“雅典娜处女庙”，因为庙内祀奉的雅典娜女神是战神和智慧女神，是雅典城邦的守护者，传说她是一名处女；而“巴特农”

巴特农神庙遗址

在古希腊语中即为“处女宫”的意思。

神庙开始建造时，雅典刚刚取得希波战争的胜利，全民都在巨大的狂欢中，这座艺术丰碑是希腊自由民怀着极大的热情建造完成的，他们规定在建筑工地上劳动的奴隶不得超过建筑工人总人数的四分之一，自由民则占四分之三。

巴特农神庙建在一个长 96.54 米、宽 30.9 米的基面上，下面设有 3 级台阶。雄伟挺拔的多利克式列柱组成的围廊构成了神庙的四面，使神庙显得高贵大方。

神庙正面用了 8 根石柱，两侧各为 17 根高 10.43 米的列柱，每根柱底直径 1.9 米，是由 11 块鼓形大理石垒成的。柱子刚劲雄健，比例匀称，隐含着妩媚与秀丽。

同时，雅典人在修建这座神庙时，显示出了惊人的精细和敏锐：

柱子底部粗顶部细，柔韧有力而绝无僵滞之感。所有列柱都向建筑平面中心微微倾斜，并不是绝对垂直，使建筑给人的感觉更加稳定。

有专家发现，这些柱子的向上延长线将在上空 2.4 千米处相交于一点。列柱的间距也是不完全一致的，间距逐渐减小，角柱却在稍微加粗。

所有水平线条，如台基线、檐口线等，都向上微微拱起，宽面凸起 60 毫米，长面凸起 110 毫米，这样，每块石头的形状都可能会有一些差别，这正好校正了视觉上的误差。

能够完成如此繁杂而精细的处理，也体现了建造者认真的工作精神和高昂的创造热情。

整个庙宇最突出的特点体现在它整体上的和谐统一和细节上的完美精致。神庙的建筑反复运用毕达哥拉斯定理，尺度合宜，比例匀称。古希腊文化中的数学和理性的审美观以及对和谐的形式美的崇尚，都在其中得到淋漓尽致的体现。

巴特农神庙的雕像

整个结构中，每个布局表面都是锥形的、弯曲的，或隆起的，这在观察它的外形时，有一种对和谐与完美的感受，而且不会因直线产生错觉。

神庙的檐部较薄，柱间净空较宽，柱头简洁有力，精练明快。神庙顶部是两坡顶，顶的东西两端有连环浮雕，表现的是雅典娜的诞生以及她与海神争夺雅典城保护神地位的竞争。

在神庙内部，不同的位置常会发现极为伟大的雕塑品，它们构成了美妙无比的景观。如位于东山墙的不朽之作《三女神》，据说出自雅典最著名的雕塑家菲迪亚斯之手，他就是修建巴特农神庙时的总监。

神殿的里面分为正厅和附殿。正厅之前供奉着著名雕刻大师菲迪亚斯雕刻的雅典娜神像。据载，这尊雅典娜女神的神像身穿战服，高达 12 米，脸孔由象牙雕刻，手脚、臂膀也被雕刻得细腻逼真，宝石镶嵌的眼睛显得炯炯发亮。右手托着一个黄金和象牙雕制的胜利女神像，显得英姿飒爽，威风凛凛。

西门内是附殿，主要用来贮存财宝和档案。

城邦时代建宙斯神庙

宙斯神庙是菲迪亚斯的建筑杰作，神像呈坐姿，高达 14 米，是当时世界上最大的室内雕像。雕像头戴橄榄编织的环，全身都镶满了黄金、象牙，宝座上装饰着狮身人面像、胜利女神及神话人物，威严华贵，气势雄伟，展现了宙斯的神韵。

体现古希腊的祭祀文化

古希腊祭祀场所是希腊人祭拜神灵、展开其信仰活动的最集中的场所，他们祭祀神灵的痕迹遍布各地。

克里特时期宗教的一个最独特的特点是洞穴祭祀。随后，古希腊人又转而以山顶作为祭祀的场所。虽然在建立之初它们都为天然场所，但是作为人神之间交流的空间，许多圣地的建筑都是按照古代传统建筑格局确定下来的，不能轻易变动。

公元前 8 世纪左右，随着城邦时代的到来，人们开始在圣地建造神庙。奥林匹亚遗址中心的阿尔提斯神域，是专门为宙斯设祭的地方，宙斯神庙是神域中部的最主要建筑。

宙斯神庙于公元前 475 年至公元前 457 年建成，不仅展现了希腊建筑的最高成就，而且与自然环境和谐一致，显示出了圣地的庄严之美。

公元 287 年，在外族入侵中，宙斯神庙不幸被洗劫一空。公元 302 年，古罗马皇帝狄奥多西下令封禁宙斯神庙，古代奥运会也因此停办，人们不敢再来奥林匹亚举行祭典活动。

到了公元 4 世纪末，宙斯神像被整体搬移到君士坦丁堡。公元 462 年，君士坦丁堡发生了一场大火，宙斯神像被烧毁。

公元 6 世纪，在两次大地震中，宙斯神庙被山体滑坡的泥土彻底掩埋在了地下。

宙斯神庙遗址

独具一格的建筑形式

宙斯神庙的建筑设计简单，但非常精细、准确，具有古典主义的典型特征。它是典型的六柱式的多利克式建筑，所用多利克柱高达 10 米，共有 34 根，东西两端各 6 柱，南北两端各 13 柱，均用石料精制而成。

神庙主体材料采用的是石灰石，殿顶盖瓦达 0.6 米宽。

宙斯神庙之所以出名，就在于它祭祀的宙斯神像，它的出现是希腊人的神像雕刻达到顶峰的标志。

雅典最著名的艺术家菲迪亚斯曾经设计了两座高达 10 米的雅典娜黄金象牙雕像，因此闻名遐迩。公元前 437 年，他在政治斗争中失败，被逐出雅典，此时接受宙斯神庙管理者的邀请，来到奥林匹亚，设计和建筑了这尊宙斯神像。

宙斯神像采取的是坐姿，神像高达 14 米，相当于如今的 4 层楼高，是当时世界上最大的室内雕像。

宙斯头戴橄榄编织的环，全身都镶满了黄金和象牙。他左手拿着一把镶有耀眼金属的权杖，右手握着由象牙及黄金制成的胜利女神像。

宙斯的宝座上，装饰着狮身人面像、胜利女神及神话人物。

整个雕像威严华贵，气势雄伟，展现了宙斯的神韵。

建亚历山大灯塔是生活所需

举世公认的古代建筑奇迹中，有两个在埃及：一个是胡夫金字塔，另一个就是亚历山大灯塔。亚历山大灯塔不带有任何宗教色彩，纯粹为人们的实际生活需求而建。不过，灯塔以匠心独运的设计，体现出古代罗马人的建筑智慧。

因亚历山大港的繁盛而建

亚历山大灯塔遗址位于埃及亚历山大城边的法洛斯岛上。关于灯塔的修建，一直流传着一个传说：

公元前 330 年，不可一世的马其顿国王亚历山大大帝攻占了埃及，并在尼罗河三角洲西北端即地中海南岸，建立了一座以他名字命名的城市。

在以后的 100 年间，这座战略地位十分重要的城市成了埃及的首都，也是整个地中海世界和中东地区最大、最重要的一个国际转运港。

公元前 280 年一个秋天的夜晚，一艘埃及的皇家喜船驶入了亚历山大港，因为辨不清航向误入礁区，不幸触礁沉没。船上载着的皇亲国戚及从欧洲娶来的新娘，全部落入海中，无一生还。

这一悲剧震惊了埃及朝野上下，法老托勒密二世为避免悲剧再次发生，下令在亚历山大最大港口的入口处，建造一座灯塔为来往船只导航。

负责灯塔设计修建的，是希腊著名的建筑师索斯查图斯。这座矗立于距岛岸 7 米处的石礁上的灯塔，经过了无数工匠艰辛的努力，前后修建了 40 年，才最终建成。

公元 700 年，亚历山大城发生了大地震，灯楼和波塞冬立像在地震中塌毁。据说东罗马帝国的一位皇帝听说后大喜，因为他正企图攻打亚历山大城，一直害怕其船队被灯塔照见。

为了彻底毁掉灯塔，他又派人向倭马亚王朝的哈里发进谗言，谎称塔底藏有亚历山大大帝的遗物和大量的珍宝。哈里发下令拆塔，全城百姓强烈反对，拆塔行动才被终止。

亚历山大灯塔遗址

公元880年，灯塔得到修复。

公元1100年，灯塔又一次遭到强烈地震的袭击，大部被毁，由此失去了导航作用，变成了一座瞭望台。

公元1301年和1435年，亚历山大灯塔又惨遭两次地震，彻底被毁坏。

匠心独运的建筑设计

亚历山大灯塔高约135米，总面积约930平方米。塔楼有3层：

在塔基正中拔起的下层塔身有71米高，同样为方形，里面有许多房间，用来储存燃料、充当机房和工作人员的寝室。

第二层高30米，是八角形结构。一二层相接的平台四角各有一尊波塞冬之子吹海螺的青铜铸像，朝向4个不同的方向，用以表示风向和方位。

中层塔身又缩成细柱形，高9米。在中层塔身的八角方位上立起8根石柱，共同支起一个圆形塔顶。

圆形塔顶是灯楼。灯楼内设有巧妙的铜镜，白天铜镜可以将阳光聚集折射到远处，以引起航船的注意；夜幕降临后，凹面金属镜可以反射耀眼的火炬火光，据说这种火光能照射到56千米外的海面上。

在灯楼上部，还矗立着一座8米高的太阳神的站立青铜雕像。

整个灯塔由花岗石和铜作为建筑材料，灯的燃料是橄榄油和木材。灯塔内部呈螺旋状阶梯，工人可以沿阶梯将燃油运往塔顶。

八万俘虏修建古罗马斗兽场

在意大利首都罗马市中心的威尼斯广场南面，有一座举世闻名的古罗马斗兽场。它是迄今遗存的古罗马建筑中最卓越的代表，也是古代罗马智慧的结晶；同时，也记录了古代奴隶社会的一段悲惨历史。

专供观看斗兽或奴隶角斗而建

古罗马帝国时期是一个崇尚英雄、追求光荣的时代，而古罗马斗兽场，正是那个时期的代表作，它是为专供奴隶主、贵族和自由民观看斗兽或奴隶角斗的场所。

公元 68 年，意大利历史上残暴奢侈的皇帝尼禄去世，维斯帕成为弗拉维王朝皇帝。他统一帝国后，积极对公共政策进行改革，政权稳定，随即着手从事大型建筑物的营建计划。据说，古罗马圆形斗兽场正是罗马帝国为显示强大国力，驱使 8 万俘虏修建而成的。

罗马的法律，特别是罗马的军队，显示出罗马建造者卓越的组织才能。他把劳动大军分成 4 支规模适中的队伍，再用一种准军事方式把他们组织起来，每支队伍各负责整个工程的四分之一，使他们同时在一起劳动。

公元 80 年，新加冕的提图斯皇帝为斗兽场隆重揭幕，并利用斗兽场制造轰动效应，提高自己的威望。

这座大型的圆形斗兽场建成之后，用以满足酷爱观赏残暴演出的人们。据记载，曾有一场 5 万名观众的竞技表演，有为数高达 5000 对的斗士和 5000 头动物相互残杀。

伴随军事扩张的不断进行，角斗这种野蛮的娱乐在罗马愈演愈烈，斗兽场每年都会举办上百场这种活动，残酷和暴力充斥着罗马社会。

据学者们估计，在斗兽场中，至少有 70 万人在众目睽睽之下丧生，其中有角斗士、罪犯、士兵、普通平民、妇女，甚至还有儿童。

公元 1084 年，日耳曼人打进罗马城，古罗马城被洗劫一空，斗兽场也被人遗弃；此后由于地震破坏和历代洗劫，斗兽场的废墟只有原来大小

古罗马斗兽场夜景

的三分之一了。

令人心驰神眩的巨型建筑

古罗马斗兽场俯瞰呈椭圆形，建筑物面积约有 2 万平方米，围绕着 7 个同心圆，排列着坚固的石墩，整个建筑就围绕着这些石墩展开。每一个圆圈上有 80 根石柱。穹顶和拱把石墩连接起来，组成天衣无缝的楼梯和人行道网；围墙高 57 米，用岩石、大理石和石灰华石筑成。

石灰华石块之间的穹顶和拱是这座巨大建筑中突出的结构特点。这些技术是从希腊人建筑巴特农神庙中学习来的，而后，罗马人利用水泥等新建筑材料技术加以发展。

斗兽场既宏伟又不失灵秀，既凝重而又空灵，整体建筑看上去颇像一座现代化的圆形运动场。

自下而上的 3 层半圆拱门，是由 3 种风格各异的古典式半圆柱支撑，它们分别是粗犷质朴的多利克柱、优美雅致的爱奥尼亚柱和雕饰华丽的科林斯柱。

最高一层设有开口处，以封闭式的科林斯式壁柱作装饰。

据记载，第二、三层每个拱门洞中曾有大理石人物雕像作为装饰。

弗拉维王朝的第三位继任者当政时，曾创新了一项工程杰作，在斗兽场上方安装了一个可以收起来的巨大遮篷。遮篷由一个复杂的绳索网支撑，绳索的一头系在最顶上的杆子上，然后延伸下来，另一头固定在底层的绞车上。在炎热的夏季，遮篷可以使观众免受太阳的烘烤。

斗兽场内部为阶梯形席位，一排排的座位结构由灰泥承重墙和外部方柱支撑，方柱由中心向外呈放射状排列。

据资料记载，当年斗兽场的看台分为三个区。底层为第一区，是皇室、贵族、骑士阶层的座位；二层是第二区，最高层即第三区，都是平民区。第三区上部还有一层，是专为妇女们保留的。再上面为一个较大的平台，此处可供观众随意站立观看表演。

斗兽场专门建有 4 座大型拱门，供拥挤的观众分散进出之用。这个设计十分精妙，即使是 5 万名观众，也能在 3 分钟内散场。皇帝进出的门位于斗兽场东北部的两门之间。

斗兽场中央是椭圆形的角斗场，又称“沙场”。它的部分地板是活动式的，可以升降。只要在角斗场内灌入深达 1.5 米的水，就成为用来模拟水战的舞台，因此又称为“水陆剧场”。

古罗马斗兽场内景

图拉真广场和图拉真纪功柱

随着罗马帝国政治制度的日趋专制，城市广场逐渐变为歌颂日趋神化的皇帝之处。图拉真纪功柱所在的图拉真广场就是当时最大、最壮丽的广场。图拉真纪功柱是建筑史上第一次用比较完整的布局方法来塑造被纪念的人物。

歌颂图拉真皇帝的城市广场

帝制建成以后，罗马皇帝渐渐汲取东方君主国的习俗，建立起一整套繁文缛节来崇奉皇帝。强悍的皇帝图拉真，甚至几乎要把皇帝崇拜宗教化了。首都罗马城中原有为社会活动和经济贸易建立的广场。公元107年，为了纪念图拉真大帝远征罗马尼亚获胜，又建起了图拉真广场。

图拉真广场是由一连串大小不同、形状各异、开闭程度不一样的空间组成。这种处理方法是为了造成神秘感和达到神化皇帝的目的。

进入正门以后的第一个空间，是一片长120米、宽90米的空地。四周都是柱廊，两侧柱廊外面还各有一个半圆形的廊。它们使这片空地形成了一条横向的轴线。

横向和纵向轴线的交点，立着图拉真皇帝的骑马镀金铜雕像。

穿过这片开敞的空地，可以进入一座横向封闭的大厅，大厅长159米，宽15米，两端各有一个半圆形的龛。

厅内沿墙布置着两圈列柱，外圈柱是浅绿色的大理石，内圈柱是灰色的花岗石柱身和白色大理石柱头，墙面上镶嵌着镀金的铜片和有关图拉真皇帝的浮雕。

傲然耸立的图拉真纪功柱

图拉真纪功柱傲然耸立在广场大厅后面一个长宽都只有十几米的小院子的正中，是一个用大理石砌成的陶立克式的大柱子，加上柱基和柱顶上

图拉真广场复原图

立着的图拉真皇帝像，共计高 43 米。

柱顶上原来放着一个铜鹰，图拉真皇帝死后，就改立他的镀金铜雕像了。皇帝像在这个刻意设计得很小的院子里，显得异常高大挺拔。

柱基上刻满了以战利品为题材的浮雕；柱身上也缠绕着带状的浮雕，共绕柱 23 圈，总长达 244 米。浮雕的内容是皇帝两次战胜达契亚人的战争细节，描绘了陆地上和水上军事行动的情形，十分生动。

由于院子太小，站在柱下无法看清楚皇帝的雕像和浮雕的内容。可以从院子两侧的楼梯登上屋顶，浮雕的内容和图拉真皇帝的风采就能看细致了。

纪功柱的中心是空的，里面有一个螺旋形的白色大理石小楼梯，通过它可以一直登上柱顶。柱身上还开有一个小窗洞，光线从那里射进来，照亮了楼梯。

图拉真纪功柱的设计构思并不复杂，但它却是建筑史上第一次用比较完整的布局方法来塑造被纪念的人物。它的成功引起了欧洲国家统治者的兴趣，成为他们刻意模仿的对象。

院子两端各有一座小图书馆，一座收藏希腊文图书，另一座收藏拉丁文图书，据说这是象征图拉真皇帝具有以文治国的本领。

万神庙是“天使的设计”

万神庙是现今保存最完好的古罗马建筑，它那宽广阔大的体量、宏伟壮丽的风姿、雄伟端立的气势与和谐优美的古典气质，都堪称西方建筑史上和谐与完美的典范之作，米开朗基罗曾经赞叹它是“天使的设计”。

献给“所有的神”的建筑

万神庙，又称潘提翁神殿。万神，在希腊文中表示“所有的神”。万神庙始建于公元前 27 年，是当时奥古斯都大帝的女婿、罗马执政官阿格里巴为庆祝亚克兴战役获胜而建的。

公元 80 年，万神庙曾毁于火灾。到了公元 2 世纪初，阿德里亚诺皇帝在原址上进行了重建。后来最喜欢做建筑设计的德良皇帝又进一步整修，将早期的前柱廊式改为穹顶覆盖的集中式形制。

公元 655 年，拜占庭皇帝康斯坦士二世抢占了万神庙。罗马皈依天主教后，万神庙曾一度被关闭，后来教皇博理法乔四世将它改为“圣母与诸殉道者教堂”。公元 1435 年，罗马元老院宣布对该建筑进行保护。

到了近代，万神庙又成为意大利名人灵堂，国家圣地。

独具特色的建筑设计

万神庙整个建筑由一个矩形的门廊和神殿两大部分组成。门廊排列着 16 根科林斯式柱，柱头上部是藤蔓似的涡卷，下面是莨菪花的茎叶图案，它们支撑着一个希腊式的半三角形檐墙。墙上有一幅铜刻浮雕做装饰。

万神庙入口处是两扇又宽又厚的青铜大门，高 7 米，是当时世界上最大的青铜门。靠门的两个壁龛内，放置着奥古斯都和阿格里巴的雕像。

进入堂内，是一个圆厅，墙壁上有恺撒大帝、战神及其他英雄的雕像。雕像旁伴以彩色大理石柱。墙壁上方和地板也铺着彩色大理石。

万神庙神殿由 8 根巨大的拱壁支柱承荷。四周墙壁上没有一个窗户，

画家笔下的万神庙

外面砌以巨砖，内壁沿圆周有 8 个大壁龛。这种极其富有创造性的建筑结构，对中世纪乃至文艺复兴时期欧洲各国的宗教建筑都有着不可估量的影响。

神殿上部完美浑圆的半球状圆顶，是整个建筑物最精彩绝妙的部分。这个古代最大的穹顶直径和垂直顶高均为 43.3 米；穹顶上面是凿成中空的有层层花纹的凹格，共有 5 排，每排 28 个，每个凹格中心原来有镀金的铜质玫瑰花。

穹顶顶端是敞开的天窗，内壁虽无窗户，却有彩色大理石及镶铜等装饰。万神庙的内墙全部用赭红色大理石贴面，地面铺设着灰白色的大理石。地面和穹顶呼应，统一而和谐。

当太阳光从天窗倾泻而下，照亮神殿四壁，仿佛传递着来自天国的福音，抚慰着庙内的神灵及圣人的亡灵。

令人惊奇的是，这个大圆顶里并无砖砌的骨架，圆顶也不是建在第二层上，而是建在第三层上，挺立在凹格的支撑上。但是穹顶外表的装修极为细致，于是让人产生整个连在一起的错觉。

哈德良建哈德良别墅

哈德良别墅是古罗马的大型皇家花园，它是罗马帝国的皇帝哈德良为自己营造的一座人间伊甸园。其规模在久远的古罗马文明中独树一帜，一直是后世意大利花园风格的典范，堪称罗马时代的“万园之园”。

哈德良皇帝的离宫花园

哈德良别墅位于意大利离罗马20千米的蒂沃利地区，是一座美轮美奂的大型皇家花园，它的主人是古罗马帝国的皇帝哈德良。

哈德良于公元76年出生在罗马，父亲是当地贵族，是前罗马皇帝图拉真的表弟。

哈德良从小天赋很好，并受过良好的教育，长大后在诗歌、数学、建筑和绘画等方面都有很高的造诣。据他的一个传记作家记载，他可以同时口述备忘录，创作文学作品，倾听下属报告，与朋友交谈，并且妙语连珠。

就像大多数受过教育的古罗马人一样，哈德良认为：古希腊是一切高雅文化的源泉，为后世的文学、哲学、建筑和雕刻树立了楷模，罗马人应该学习和模仿。

为此，哈德良对其统治下的希腊地区的发展给予了特殊关怀，促成了历史上所谓的“希腊复兴”的产生。这位天才的罗马皇帝平生有两个最大的嗜好：一个是旅行，陆陆续续访问了当时帝国44个行省中的38个，足迹遍布欧亚非；另一个就是建筑，他对所到之处的建筑艺术和历史都详加研究。

哈德良不但对建筑有浓厚的兴趣，而且还将其建筑构思付诸实践。他在位时完成了一系列的建筑工程，主要有万神殿、维纳斯庙和罗马庙。在他统治时期，罗马的建筑艺术和工程技术都达到了鼎盛水平。

蒂沃利地区一直是罗马富人们建立避暑山庄的最佳地点之一。这片土地本来是用于耕作的农庄中心，到了后来，受希腊东部豪华宫殿的影响，罗马人开始在自己的别墅和郊区庄园里修建浴场、体育场、图书馆等享乐

哈德良别墅遗址

建筑。

这里灌木整齐划一，人造的荒地里野兽出没，镀金的大鸟笼里群鸟同鸣。所有这些建筑都装潢豪华。这里除了风景秀丽外，用平台和土方加高后的地形也很适宜建筑。

哈德良选择在此建造离宫花园别墅的时候，将自己心怡的希腊文化古迹都“重现”于此。其中有亚里士多德讲学的健身堂、雅典议会主席团大厅及斯多噶派最初聚集的画廊等。另外，埃及和东方的一些美景也被他收入园中，如以一条掩映于浓荫中的长水池来代替卡诺普斯运河。

古罗马的“万园之园”

哈德良为自己营造的别墅占地 120 公顷，被誉为“人间伊甸园”。里面有太多精品建筑和优良工程，除了没有居住区和商业区外，如庙宇、花园、浴场、图书馆、柱廊、剧场、仓库甚至包括一个人工岛等，可谓应有尽有。

要说哈德良别墅中最灵秀的风景，可能要数水景了。别墅的水利建筑，共包括 12 个莲花形喷水泉，30 个单个喷泉，6 个水帘洞，6 个大浴场，35 个卫生间。

水是整个哈德良别墅建筑中最显著的主题之一，也是意大利花园的典型特点。哈德良别墅的水流，从最南端引入，再通过一个有管道和水塔组成的复杂系统，最后流过整个别墅。

哈德良别墅模型

别墅的管道设计，使得哈德良可以方便地使用一条专给罗马供水的主要渠道。绝佳的水源避免了把水往高处升调的麻烦。

其中最为复杂的水流系统是一个被称为“塞拉佩汶”的建筑。它实际上是一个半圆形的餐厅，周围水流环绕。客人可以倚靠在拱形遮篷下的半圆形长椅上，以面前的一条小渠当桌子，菜肴漂浮在水面上，真是风雅意趣之极。

在“塞拉佩汶”的后面，设计有一个水帘洞，前面则是一个波光粼粼的水池。这些水都是从拱顶后面的高堤引来的，在许多地方形成了壮观的喷泉。

哈德良别墅是一座规模宏大的行宫离园，尽管遗址现在已是满目疮痍，但她那永恒的古典气质，为后世的欧洲园林提供了典范。其规模虽不及中国的圆明园，但它在久远的古罗马文明中独树一帜，因此被誉为古罗马的“万园之园”。

为追求享乐建卡拉卡拉大浴场

在古代西方用于公共生活服务的建筑中，卡拉卡拉大浴场是规模最宏大的一所，同时也是各部分的安排、布置最合理妥帖的建筑物。该浴场创造了丰富多彩的建筑空间，具有同时代其他类型的建筑中最为独特的结构。

为追求生活享乐而建

卡拉卡拉浴场位于意大利罗马，是古罗马的公共浴场，建于公元 212 年到 216 年卡拉卡拉统治罗马帝国期间，是古罗马帝国的建筑杰作。

当时，罗马帝国经济繁荣、和平安定，建筑技术取得很大的进步，人们为了追求官能刺激、追求享受，国内各地都建造起了很多大大小小的浴场。

当时罗马的大浴场规模很大，而且里面还有非常丰富的娱乐内容。罗马帝国游手好闲的富人们，整天泡在浴场里面，观看表演、听演讲，甚至参加体育活动，有的人还在里面谈生意或进行政治活动。

其中卡拉卡拉浴场就是罗马帝国最大的浴场，建在一片高出周围地面的台地上，可同时容纳 1600 人。

独具匠心的结构设计

卡拉卡拉浴场的建筑由 3 部分组成：外围建筑物，核心部位建筑物，外围与核心部分之间的花园和场院。

最外圈的建筑物长 575 米，宽 363 米，入口位于朝向东北那一面，这一面拥有两层高的建筑，底层的商店可以对浴场外的街道营业，上层的商店可以面对浴场内部的花园和场院营业。

外圈建筑的两侧，拥有一连串大大小小的厅，那是演出和演讲的场所；西南部分是浴场的储水库，铺有罗马石砌成的输水道。

花园和场院是进行摔跤、角斗的竞技表演场所；靠储水库的那一侧是

卡拉卡拉浴场
复原图

看台。

穿过场院和花园，就进入了核心部分主要建筑物。对称的布局，中轴线两侧有蒸汽浴室、列柱廊、更衣室等小建筑。

沿着中轴线，从南到北分布着热水浴大厅、温水浴大厅、冷水浴池和中央大厅等重要建筑物。冷水浴室能容纳 1600 人，它的东北面有 4 个出入口，两侧各有两个出入口，因此能很快地分散人流，一点儿也不显得拥挤。

这些厅、室和院子的平面形状各不相同，有的就是一个大院子；有的是 3 面墙加屋顶；有的是 4 面墙加屋顶。

而且这些建筑中，有的有壁龛，有的没有壁龛。有壁龛的，大小形状又各不一样……除此以外，它们在布置上考虑了使用的方便与合理。

各个厅、室屋顶采用了混凝土制作的拱、券或穹顶，由于高度又各不相同，在屋顶有高差的地方开有高侧窗，使得所有房间都能得到自然光线和良好的通风。

主要建筑物室内的装饰也很有特色。在地面，一般都铺有成几何形状的图案，色彩非常鲜艳。墙身上也有装饰和彩色大理石。支承穹顶的是花岗岩、斑岩、雪花石膏柱子；穹顶的内面，设计成格子形天花板或贴上彩色玻璃马赛克，丰富多彩。

辅助用房都放在地下室中，使得地面以上的平面组织更合理、简洁。地面以上的建筑墙身中砌上烟道，与热气管道相通，只要在地下室里生起火来，热烟顺着管道、烟道走遍整个建筑的墙壁，室内就会温暖如春。

第三章
中世纪建筑

所谓哥特式艺术，通常是指 13 世纪欧洲的艺术和建筑风格，用彩色玻璃和雕塑装饰起来的法国大教堂就是它最辉煌的成就。同一时期，手抄本画家也把哥特式艺术推到了更加完美的境界。

——《剑桥艺术史》

为坚壁清野建加尔加索尼城堡

法国奥德省境内的加尔加索尼城堡，是一座中世纪时期较为著名的城堡。它具有两个功能：一是防御敌人的阵地，二是坚壁清野的堡垒。可见，城堡在中世纪时期的作用是举足轻重的。

“固若金汤”的城堡

从公元3世纪开始，西欧一些王国之间为了争夺王位、土地或财宝，混战一直连绵不断。到中世纪，各小王国之间互相蚕食、吞并，这样的战争变得更加频繁。

因为持续的战争，使城堡的修建得到不断发展。城堡具有两个功能：一是防御敌人的阵地，二是坚壁清野的堡垒，在当时的作用是举足轻重的。

其中法国奥德省境内的加尔加索尼城堡，可以说是当时一座“固若金汤”的城堡。每当战争爆发时，住在城堡四周的村民就携带牲口和粮食，举家进堡躲避。所以，城堡内备有水井、军火库、教堂，村民和士兵可以在里面生活一段时间。

加尔加索尼城堡有坚固的塔楼、森严的墙壁、宏伟的气势。它那装备最完善的城堡主体，本身就是一个异常坚固、异常有力的抵抗个体。

作战对敌时，它的内墙实际上已形成了第二道防线，当第一道防线的外墙在进行作战时，它不仅可以提供后援，而且还可以巡视整个内外墙之间的廊道，从容地布置兵力，运送弹药。

倘若第一道防线被攻破，士兵们可退居到第二道防线内继续进行抵抗；倘若第二道防线被攻破，士兵们还可以在城堡内各种建筑的防御体中进行抵抗。

如此完整的规模和如此众多的塔楼层层相贯，步步为营，其独有的建筑形式在古城堡中是罕见的。

中世纪后，不少古堡被拆除，加尔加索尼城堡侥幸保留下来。在13世纪时，在法国国王和宫廷大臣的要求下，又对加尔加索尼城堡进行了重修。

加尔加索尼城堡

独有的建筑形式特点

加尔加索尼城堡主体的平面呈矩形，长 75 米，宽 45 米。主体四周建有两道不规则的围墙，外墙长 1500 米，上有 16 个圆形和马鞍形的塔，内墙长 1100 米，上有 26 个圆形和马鞍形的塔。

城堡主体内，最居高临下傲然耸立的潘特塔，可监视周围战场上发生的一切，被当作整个城堡的指挥中心。另外两座方形塔楼是领主们的居室。

外墙的正西面还有一座主教方塔，防御从正西面而来的偷袭者。内墙东北角是主大门，由两座相同的塔楼对峙组成。门外有一道半圆形的防护墙，门内装有活动的铁闸，和右侧的特莱索塔可以互相策应。

另外，内墙四周还设有达维让塔、保罗塔、米巴得尔塔和维也拉斯塔，它们分占几个角位，构成了多方位的防御网。

城堡主体的北侧和东侧有 6 座圆形塔楼。正南面是圣・纳赛尔门，门外也有一道半圆形的防护墙，门两边是圣・马尔丹塔和姆兰・都・米第塔，三者互为犄角，易守难攻。

凸于外墙东南角上的瓦特塔是整个城堡最醒目、最高大的塔。用于对付第一线来犯之敌，它的内部有自成系统的战斗装置、火炉和蓄水池。

另外，在城堡主体与围墙之间大院内有许多平房、仓库和辅助性建筑。

圣玛利亚大教堂为供奉圣母而建

“罗马四大教堂”之一的圣玛利亚大教堂，是西方第一座供奉圣母的教堂。大教堂的正门建筑是佛罗伦萨杰出的建筑大师福卡·弗尔迪南多设计建筑的，看上去十分庄重典雅，属巴洛克晚期风格。

因圣母托梦而建

圣玛利亚大教堂建于公元352年左右，坐落在罗马七丘之一的埃斯奎利诺山上的埃思奎里纳广场，是罗马四大教堂之一，也是西方第一座供奉圣母的教堂。

关于这座教堂的修建，罗马流行着一种传说：

约翰是罗马的一位绅士，他和夫人多年无后，经常虔诚祈祷，期盼圣母能赐给他一个儿子。在8月的一个夜晚，圣母玛利亚走入了约翰的梦中。她对约翰说，可以赐他一个儿子，但条件是在第二天凌晨，找到一个有雪的地方建一座教堂。

可8月正是酷暑炎炎的季节，哪里会有雪呢！焦急万分的约翰夫妇只得去请教教皇。恰好有人来禀报教皇，埃斯奎利诺山上竟然真的下了雪！

这可真是天降灵验！于是，约翰便捐钱在埃斯奎利诺山建起了圣母大教堂，他最终也顺利生下了儿子。

这毕竟是传说，但西欧人却对此笃信不疑。在罗马，至今还经常在8月5日这一天，表演一番8月雪的场景，以示庆祝圣玛利亚大教堂的建立。

现存的圣玛利亚大教堂，是教皇西斯托三世在原址上重建的，工程从432年开始，直至440年才彻底完工。

结合所有建筑风格

在罗马所有长方形大教堂中，圣玛利亚大教堂算是结合所有建筑风格最成功的教堂。

圣玛利亚大教堂

教堂雄伟的建筑主体正面为巴洛克式，可以追溯到公元18世纪，其镶嵌图案却始于13世纪。多时代、多风格的荟萃，就是这座教堂的不同凡响之处。

它庄重典雅的正门建筑风格属巴洛克晚期风格，是佛罗伦萨杰出的建筑大师福卡·弗尔迪南多在1743年受教皇的委托重新设计建造的。

而教堂右侧的钟楼则是中世纪的表征，是格里高利十一世从流放地重回罗马之后，于1377年修建的，高75米。

它的中殿则属于5世纪建筑，天花板富丽堂皇，克斯马蒂式镶嵌地砖是中世纪的表征，花纹精美。

36根希腊爱奥尼亚风格的大理石圆柱是从古代罗马的神殿搬来的，圆柱的上端壁上是西罗马帝国时期《旧约》中36幅场景的镶嵌画，有典型的拜占庭风格。

教堂后殿主祭坛上方的《圣母加冕图》和大厅顶端半圆形窗户的一组圣母生平的镶嵌画，都是雅科伯·陶立提在1295年创作的。

教堂内美丽几何形图案的大理石地面，则是12世纪教皇欧金尼奥三世下令重铺的。

大教堂的花格平顶式鎏金天花板修建于15世纪，表层镀的黄金是哥伦布从美洲新大陆带回来的第一批金子。

主祭坛的右边是西斯托小堂，其前身是一个13世纪保存耶稣摇篮遗骸而建的小型教堂。

西斯托小堂对面，是保罗五世为其家族所修建的博尔盖赛小堂，享有“巴洛克式小堂”的美名，当时许多知名艺术家曾在装饰这里时，突出体现了巴洛克艺术风格华丽明快的特色。

拜占庭时期建圣索菲亚大教堂

君士坦丁堡的圣索菲亚大教堂，是皇帝、大臣、贵族直至平民来参加宗教仪式和国家庆典的宫廷教堂。这座世界建筑中的珍品，是拜占庭建筑中最辉煌的作品之一，以其高超的建筑艺术和建筑技术，成为后世教堂的典范。

东西方文化融合的产物

公元 395 年，罗马帝国分成了东、西罗马两个帝国，如今的土耳其国土，曾经是东罗马帝国的领土。而土耳其的第一大城市伊斯坦布尔，则是东罗马帝国的首府君士坦丁堡。

由于拜占庭帝国处于东西方的过渡地带，一直是东西方贸易的集散地，经济得以快速发展，逐渐成为一个强盛的国家。同时，拜占庭帝国强盛的原因，还在于它对东西方文化艺术的兼容并蓄。

在此基础上，拜占庭的建筑形式逐渐形成了自己独特的风格，具有强烈的民族和地方色彩。他们借鉴东方波斯帝国和小亚细亚的穹顶，创造出全新的穹顶形式；又向西方的西罗马帝国学习混凝土技术；还师法波斯、印度，学到了镂刻及加工各种彩色大理石的技术，来装饰建筑物的墙壁和穹顶内面。

君士坦丁堡的圣索菲亚大教堂，就是拜占庭帝国时期东正教建筑中最辉煌的杰作。始建于公元 532 年，于 537 年建成。

体型庞大的圣索菲亚大教堂建成后，在从地中海驶近君士坦丁堡的船上就能看到它。自建成后不久，它就迅速成为皇帝、大臣、贵族直至平民前来参加宗教仪式和国家庆典的宫廷教堂。

公元 1453 年，土耳其人占领拜占庭帝国，建立了土耳其国。土耳其人被圣索菲亚教堂魅人的建筑艺术所倾倒，决定让它由东正教教堂改为土耳其人的教堂，于是在教堂的四角加建了 4 个具有土耳其民族特征的“召唤楼”。

圣索菲亚大教堂外景

朴实外观与华丽内部相对比

圣索菲亚大教堂的外观朴实无华，整个平面是一个巨大的长方形，外墙却没有多少装饰，仅仅是一般的粉刷，穹顶上覆盖的是一层铅板。

主入口朝向正东，有内外两层门廊。内层的门廊是入口处的关键；门廊上层是教堂的特别席。

教堂由 4 个石墩支撑着 4 个半圆拱构成，拱上托着直径 32.6 米、高达 54.8 米的半球形的穹顶。中央穹顶的东边和西边各是半个半球形的穹顶，它们和中央部分合在一起形成了一个长 68.6 米、宽 32.6 米的空间。

与外观的朴实相对照，大教堂的室内却有富丽的装饰、多变的空间。穹顶四边的拱上及穹顶内壁镶嵌着金底、彩色的玻璃画，描绘着圣人、信徒的活动。

再加上教堂的墙上布满了色彩灿烂、纹理如同大海的波浪一样的大理石，在大厅里向上看，就能够看到闪烁着的金光。

教堂的中央部分，是圣职工作人员的活动场所，是唱诗班唱颂歌和宣讲《圣经》的地方。王公贵族们也可以停留在中央大厅里。

中央部分的南、北两边各是一个两层高的廊道。上层的廊道是妇女们

圣索菲亚大教堂内景

参加仪式的地方，廊下是容纳一般市民的地方。

大厅最东端是半圆形平面的圣坛，比中央部分要小得多。

圣索菲亚大教堂被公认为世界建筑的珍品，在建筑艺术上，它有两方面的突出贡献。

一是教堂丰富多变的内部空间。

4个独立的石墩支撑起教堂的穹顶，下部因此就变得极为通透开敞。而多个穹顶组织在一起，各种不同大小、高矮的穹顶则有条不紊地依附着大穹顶。这是前所未有的建筑新艺术。

这样的设计，从室内看整个建筑，不同高度的穹顶下的空间由于下部的通透而相互交融，移步换景；在室外看，则既丰富多变，又主次分明，气象万千。

二是教堂拥有复杂但又条理分明的结构受力系统，一种建筑部件起着多种结构受力的作用。

大教堂的东、西各有一个矮的半穹顶，承受着大半球穹顶产生的横向推力；更矮的半穹顶则支承着这两个矮一些的半穹顶所产生的横向推力，它们层层传递，直到推力减到最小。

同时，4片长长的厚墙支撑着中央穹顶南、北方向上的横向推力。而4个石墩既支撑着上面的半圆拱和穹顶，还起着抵抗横向推力的作用。

在公元1400年前，力学科技，特别是建筑结构受力理论上还很不发达的情况下，能够拥有如此复杂的受力系统，实在是难能可贵。

威斯敏斯特宫原是王家宫室

宏伟壮丽、富丽堂皇的威斯敏斯特宫，是英国大型公共建筑中第一个哥特复兴杰作，是当时整个浪漫主义建筑兴盛时期的标志。其建筑艺术之高超，堪称英国最有代表性的一景；气势之磅礴，使其成为世界上最大的哥特式建筑物。

由王家宫室重建而来

威斯敏斯特宫原为初建于11世纪的英国王家宫室，但原有建筑被毁于大火，只有威斯敏斯特大厅保留了下来，大厅的特点是以橡木为梁。

公元1097年，英国王室在此基础上重建了威斯敏斯特宫。1547年，爱德华六世把威斯敏斯特宫拨给议会，从此威斯敏斯特大厅成了国会所在地，除作为国王举行盛大国宴的地方外，还发生过国王爱德华二世在此宣布退休等重要的历史事件。

从15世纪初起，威斯敏斯特大厅还被用来作为审判头等政治犯的法庭。1649年国王查理一世被判处死刑前，曾在这里受审；后来，克伦威尔的首级也曾在这里陈列。

1840年，英国政府为彰显其称霸世界的威风，决定向全国征集图样，建造一座举世无双的议会大厦。最后，采纳了著名建筑师巴里的设计方案。

1840年，威斯敏斯特宫开始重建，于1857年完成，共花了17年的时间。

1941年5月10日夜晚，希特勒空军猛烈轰炸威斯敏斯特宫，下院的会议大厅全被摧毁。

1950年10月26日，英国政府按原样修复了下院会议大厅。

1965年丘吉尔死后，他的遗体告别仪式也在这里举行。

无比高超的建筑艺术

威斯敏斯特宫占地面积32400平方米，从外表来看，其顶部冠以大量

威斯敏斯特宫

小型的塔楼，而墙体则饰以尖拱窗、优美的浮雕和飞檐，以及镶有花边的窗户上的石雕饰品。

主体建筑是分为前后三排的3座大厦，各自长达287米，两端和中间由7座横楼相连，从而形成了一个整体。

威斯敏斯特宫的主轴线上，是耸立在威斯敏斯特宫西南角入口之上百米高的维多利亚塔和东北角98米高的大本钟塔。

维多利亚塔是全石结构。因为是砖石结构，防火功能强，所以被用来存放议会的重要文件档案。塔楼下部的皇家大门平时则关闭起来，只供英王到议会时使用。

大本钟塔楼是由本杰明爵士监制的，所以被命名为大本钟。钟楼上的大钟表有21吨多重，钟楼上部的圆形表盘直径达7米，时针和分针的长度分别为2.75米和4.27米。

大钟发出的响声可以传到很远的地方。每当议会开会的时候，白天在维多利亚塔上升起英国国旗，夜晚则用灯光照射大本钟楼。

威斯敏斯特宫里的家具陈设完全是宫廷格调，显得富丽堂皇，庄严肃穆。据说，许多家具是从当年英国的殖民地运来的，内阁大臣办公室的写字台分别来自加纳、肯尼亚和塞浦路斯，议长的座椅是澳大利亚送的，议长席前的橡木长桌是加拿大送的，议事厅的大门来自印度和巴基斯坦。

宏伟壮丽、别具一格的威斯敏斯特宫，是世界上最大的哥特式建筑物，其建筑艺术之高超，堪称是英国最有代表性的一景。

奥古斯丁建成坎特伯雷大教堂

英格兰的坎特伯雷大教堂是英国最古老、最著名的基督教建筑之一。整栋建筑呈十字架的结构，宏大壮丽，被称为“神之府第”“天堂之门”。同时，由于它承载了太多的历史文化积淀，被英国著名诗人奥登比喻为“灵魂的巨轮”。

英国最古老的基督教建筑

古城坎特伯雷市位于英国东南部肯特郡，人口尚不足 4 万，但风景非常优美，有肯特郡“英格兰花园”之称。

据史料记载，早在公元 43 年罗马人入侵前，坎特伯雷已非常繁荣，与比利时和其他欧洲国家都有密切的贸易往来，此时初建了圣马丁教堂。

到了公元 597 年，传教士奥古斯丁受教皇委派，从罗马来到作为撒克逊人肯特王国教城的坎特伯雷。奥古斯丁先以圣马丁教堂为根据地宣扬基督教义，后来初建成了坎特伯雷大教堂和圣奥古斯丁修道院。

奥古斯丁在王后的帮助下，成为第一位坎特伯雷大主教，在这里站稳了脚跟，并以此为根据地，把基督教传播到了整个英格兰。坎特伯雷因此成为英格兰基督教信仰的摇篮。

12 世纪时，英王亨利二世为了控制基督教，任命他的臣僚和好友托马斯·贝克特为坎特伯雷大主教。但贝克特当上主教后，宣称他从此不再听从国王，而只听命于罗马教皇。这样就造成了王室与教会之间的斗争，最终贝克特被亨利二世的 4 名骑士杀死。

贝克特的死亡，却为他带来了巨大的荣誉，他的精神受到信徒们的尊崇，被奉为“殉教者”。在以后的几个世纪里，来自欧洲各地的无数信徒为了朝拜这位“殉教者”，纷纷涌入坎特伯雷大教堂。坎特伯雷因此一跃成为英国的“圣城”。

1452 年，尼古拉五世下令重建坎特伯雷大教堂。意大利最优秀的建筑师坎特伯雷、德拉·波尔塔和卡洛·马泰尔相继主持坎特伯雷大教堂的

坎特伯雷大教堂

设计和施工。

1626年，坎特伯雷大教堂修建完成。

宗教建筑的杰出代表

坎特伯雷大教堂规模恢宏，长约156米，最宽处有50米左右，中塔楼高达78米。整栋建筑造型非常传统而神圣，呈十字架结构。

大教堂前面的第三礼拜堂里有贝尼尼所建的祭坛，只有祈祷的人才能进入，其他人禁止入内。

正中央右边有圣彼得的青铜像，铜像由于来参观的信徒的吻和手的触摸，金光闪闪。左侧以及与第二、第三礼拜堂相对的墙面上，有波莱渥罗为伊诺欠兹奥八世建造的青铜纪念碑。

右边走廊内，是米开朗基罗23岁时的作品《彼得》。纵使今天只能隔着玻璃欣赏，仍然能打动观众的心灵。

中央的圆顶由米开朗基罗设计，为两重结构，内部敞阔明亮。圆顶下是教皇的祭坛，用贝尼尼创作的青铜华盖覆盖着，那扭曲的粗圆柱似的独特形状引人注目。

大教堂下面的礼拜堂里，设有圣彼得之墓。墓前有教皇庇奥六世的跪像，是由新古典主义雕刻家卡诺巴创作完成的。

坎特伯雷大教堂承载了太多的历史文化积淀，英国著名诗人奥登把坎特伯雷大教堂比喻为“灵魂的巨轮”。

比萨斜塔因倾斜停工 100 年

位于意大利比萨城的比萨斜塔，是比萨教堂建筑群中东南侧的钟塔，早在发生严重的倾斜之前，它大胆的圆形建筑设计已经向世人展现了它的独创性。而近千年来一直“斜而不倒”，巍然屹立，这种现象堪称世界建筑史上的奇观。

因倾斜而一度停工的塔楼

1173 年，为了纪念 1062 年打败了阿拉伯人，当时的君王决定聘请当时著名的建筑师那诺·皮萨诺，在 1063 年主教堂、1153 年洗礼堂的基础上，主持修建一座钟塔，组成一个宏大的建筑群。

开始时，塔高设计为 100 米左右，但动工五六年后，比萨塔建到了 10.6 米的第三层时，建造者突然觉察到建筑物的垂直度在向东南偏移。

工匠们讨论之后，决定在塔身的南侧垒砌较高的石块，而在北侧用稍矮的石块，想以此来补救。但这样使塔身不但更加倾斜，而且变得弯曲。

后来，地基下的土层开始渗出水来，工程只好停止。

这一停就是 100 多年。到了 13 世纪，著名的建筑师托马斯·皮萨诺进行了精心的测定后，认为现有的斜度并不影响整个塔身的建造，于是，比萨塔又开始了二期工程。

为了防止塔身再度倾斜，这次工程师们采取了一系列的补救措施，刻意搭建成反方向的倾斜。

但到了 1278 年，当建到了第七层时，塔顶中心点已经偏离塔体中心垂直线 2 米左右，工程不得不再次停下来。

一直等到 1350 年，有关人员给这个 7 层的塔身加了一层钟楼，比萨斜塔这才正式封顶。然而正是这层钟楼的重量，使整个比萨斜塔比原来更加倾斜得厉害了。

1838 年，一个名叫克拉德斯卡的建筑师用挖动基座边的土来校正。结果短短几天内，塔身又向前倾斜了 0.75 度。

比萨斜塔全景

从19世纪开始，人们就对比萨斜塔采取了各种挽救措施。20世纪30年代，工程师们在比萨斜塔地基上钻了几百个洞眼，灌注了80多吨水泥浆，但这并未能解决问题，反而使塔身进一步倾斜。

从1992年起，意大利宣布暂时关闭比萨斜塔，开展了挽救工程。科学家们监测挖出的土方，最终得出的结论：地下水位的季节性涨落是使倾斜永远存在的动因，地震和恶劣的天气也会给塔基带来灾难性的影响。

工程师们推测，要使塔身得以加固，需在地下安置一个巨大的横断层，以控制地下水的流动。

比萨斜塔重修工程充满了挑战性。有一年冬天，因为气温急剧下降，仅在一天之内比萨斜塔就向南倾斜了一毫米多。

2001年，经过专家们及社会各界的共同努力，挽救工作已基本完成。

斜而不倒的建筑奇迹

比萨斜塔是意大利独一无二的圆塔，它造型轻盈秀巧，布局严谨合理，各部分比例协调，如同一件精美的艺术品，立面呈现着丰富的明暗变化，富有韵律感，是罗马风格建筑的典范。

斜塔外面为圆形，直径16米，塔身共有8层，高54.5米。装饰格调继承了大教堂和洗礼堂的经典之作，通体用白色大理石砌成，从下至上，共有213个由圆柱构成的拱形券门。

这种圆形外观，与广场上对圆形结构的强调是相一致的，尤其与同样是圆形的洗礼堂相呼应，使整个广场更像是有意设计成耶路撒冷复活教堂的翻版。

斜塔的最下层是实墙，塔身墙壁底部厚约 4 米，顶部厚约 2 米。底层有圆柱 15 根，刻绘着精美的浮雕；中间 6 层每层分别有 31 根圆柱，用连续券做面罩式装饰；最上一层则有 12 根圆柱。

塔中任何一层都有围廊，可供游客站在塔上向外眺望整个比萨城。

斜塔顶层放置着比萨大教堂的大钟，共有 7 座，最大的一座重达 3.5 吨。

比萨斜塔的倾斜问题一直是建筑史上的焦点，但它却因这种“失误”而名扬天下，以其一直“斜而不倒”巍然屹立的现象，留给后人一道美丽的景观，堪称世界建筑史上的奇迹。

比萨斜塔名闻天下，还缘于历史上一个著名的科学事件：

1590 年，伟大的天文学家、物理学家伽利略在比萨斜塔上，做了一个著名的“自由落体实验”。他登上比萨斜塔的顶层，让手中两个质量不等的铁球同时从塔顶垂直自由落下，结果两个球同时着地。

伽利略的实验，一举推翻了禁锢人们 2000 多年的亚里士多德的“重的物体会先到达地面，落体的速度同它的质量成正比”的观点，“自由落体定律”轰动了全世界，引发了物理学界的一场革命。

比萨斜塔塔顶

皇帝狩猎修建枫丹白露宫

枫丹白露宫是法国古典主义建筑的杰作之一，各个时期的建筑风格都在这里留下了痕迹。从建筑艺术上看，枫丹白露宫那细木护壁、石膏浮雕和壁画相结合的装饰艺术，淡雅大方，给人以静谧温馨的感觉，形成了独特的风格。

历代皇帝与艺术家的共同结晶

枫丹白露宫位于巴黎东南60千米的塞纳河左岸，法文的原意是“美泉”，可见这是一个多么富有诗意的名字。

从建筑艺术上看，枫丹白露宫可以说是法国古典建筑的杰作之一，各个时期的建筑风格都在这里留下了痕迹。

根据法国文献记载，枫丹白露宫的历史可追溯至12世纪的卡佩王朝。当时的君主路易六世因喜爱狩猎，于是在塞纳河畔修筑了一个城堡作为狩猎时休息的馆舍。

1169年，路易七世在父亲所建城堡中增建了一座礼拜堂，成为枫丹白露宫扩建的开端。

之后，历代帝王特别喜欢枫丹白露宫，多次进行翻修、扩建、装饰和修缮，使之成为一座美丽幽静的皇家行宫。

其中弗朗斯瓦一世和亨利四世两位帝王对枫丹白露宫建树最多。这两位皇帝均为文艺复兴艺术所倾倒，请来一批意大利艺术家和能工巧匠装饰枫丹白露宫。从而形成了法意两国艺术水乳交融的结晶——枫丹白露画派。

风格独特的建筑装饰艺术

枫丹白露宫内，有历代留下的五座庭院、四处花园，配以小湖森林，非常适宜君王休息。它淡雅大方，给人以静谧温馨的感觉。

枫丹白露宫独特的风格，体现在其细木护壁、石膏浮雕和壁画相结合

枫丹白露宫

的装饰艺术。

著名的弗朗斯瓦一世廊殿，护壁和天花板主色调是金黄色。它的下半部贴着一圈 2 米高的金黄色细木雕刻作为护壁，十余根粗壮的方墩柱也成了装饰品。

宫内不仅有许多浮雕，而且每根柱子上都嵌进了好几幅油画。上半部以明快的仿大理石人物浮雕烘托着一幅幅带有文艺复兴风格的精美壁画，显得既辉煌又典雅。

法国一代天骄拿破仑特别喜欢枫丹白露宫，曾称它为“世纪之宫”。枫丹白露宫内与拿破仑有关的古迹很多。

进入枫丹白露宫镶着金色图案的铁栅栏大门，是广阔的方形“白马庭院”，又称“别离庭院”。一院两名缘于两则与拿破仑的兴衰荣辱有关的故事：

当初拿破仑迎接皇后约瑟芬入宫时，这个庭院里御林军出动了白马队列阵欢迎，场面十分壮观，因此称为“白马庭院”。

后来拿破仑兵败退位，也是在“白马庭院”和列队的部下官兵挥泪告别，“别离庭院”也因此而得名。

拿破仑入住枫丹白露宫时，把原来的国王大卧室改为御座厅。在小卧室内，却摆着一张行军床似的普通床铺，以便拿破仑作战回来小住几天。

厅内装饰可谓集数百年之大成，整个墙壁和天花板用红、黄、绿三种色调的金叶粉饰，一盏镀金水晶大吊灯晶莹夺目，地板用萨伏纳里毛毯覆盖，显示出富丽豪华的皇家气派。

建于十二世纪的布鲁塞尔广场

比利时的布鲁塞尔广场，称得上是世界上最美的中世纪广场之一。环广场的建筑物多为中世纪所建的哥特式建筑、文艺复兴式建筑、路易十四式建筑等建筑形式。其建筑风格各异，是布鲁塞尔拥有财富的象征。

美丽浪漫的中世纪广场

比利时的布鲁塞尔广场，坐落在该市的中心位置，建于公元12世纪。它原先是布鲁塞尔的一个集市，后来随着布鲁塞尔的逐渐发展壮大，广场也慢慢发展起来了，成为世界著名的广场。

在历史上，这座广场一直是布鲁塞尔举行重要活动的地方，国王和贵族甚至在这里举行重要的祭祀活动。

1767年，布鲁塞尔爆发复辟的政治事件，在事件中，广场上的大部分建筑被毁坏。1872年起，有关部门开始修缮这些被毁坏的建筑。如今广场上的建筑物都是在那时候修复好的。

广场上分布着很多酒吧、巧克力店和餐馆，十分富有浪漫气息，法国作家维克多·雨果赞美这里是“世界上最美的广场”。

比如非常著名的天鹅餐厅，当年马克思和恩格斯就是在这家餐厅里写下了著名的《共产党宣言》。

从1971年开始，在每年8月15日前后的周末，广场上都会举行主题各不相同的一项盛大的庆典。

环绕广场的建筑杰作

布鲁塞尔广场呈长方形，长110米，宽68米。广场地面铺设的是花岗石，其简约的风格展现了这座城市的文化特质。

广场四周有很多哥特式建筑物，它们形似燃烧的火焰。

广场的右侧是独具风格、雄伟恢宏的布鲁塞尔市政厅。1402年开始建造，到1480年大体竣工，占据广场一隅的大部分空间。它包括广场的标志建筑之一，那就是建筑师简·范·鲁伊斯布罗艾克为伯冈蒂公爵设计的尖塔，高达91米。

市政厅的拱门上有100多尊雕像，均是19世纪原作的再现。厅内庭院中的两个喷泉，代表比利时的斯海尔德河和默兹河。

这座市政厅的内部装潢非常考究，最显著的是悬挂着的布鲁塞尔挂毯和绘画。

布鲁塞尔大广场

广场左侧，是布鲁塞尔城市历史博物馆，建于16世纪，当时是布鲁塞尔长官的寓所。如今的博物馆是按照当时的风格，在1873年至1895年间重建的。

博物馆的房间以动物名来命名，譬如7号屋是狐厅，26号屋是鸽厅，5号屋是狼厅。

广场不远处的一条大街上还有一尊著名的雕塑，那就是撒尿男孩雕像。这尊青铜雕塑高61厘米，表现的是一个男孩向大理石喷泉池中撒尿的情景。

关于这尊雕塑，有一个广泛流传的故事：

这尊雕像是为了纪念一个名叫于连的小男孩。当引爆整个市政厅的炸弹就要爆炸时，于连勇敢地对着炸弹撒尿，熄灭了这枚炸弹，保全了市政厅。

各国元首出访比利时，依照惯例都会送小男孩一套本国传统服装，至今，小男孩已拥有700多套风格各异的衣服。这些衣服定期在国王大厦展出，在某些特别的纪念日，小男孩也会穿上应景的服装以示庆祝。

另外，广场上还有同业公会会所、船员之家、布拉邦特公爵馆等各具特色的建筑。

“中世纪建筑中最完美的花”——巴黎圣母院

法国的巴黎圣母院是巴黎最古老、最高大的天主教堂，被誉为“中世纪建筑中最完美的花”，堪称是古老巴黎的象征。它那宽敞明朗的内部，高高耸立的尖塔，营造出的雄伟与神秘，既是全法国宗教建筑的标杆，也对整个欧洲产生了极大的影响。

200 多年才完成的“石头交响乐”

1160 年，巴黎主教苏利决定在市中心、塞纳河畔建造一座能与 4 世纪的圣特埃努大教堂相媲美的宏伟教堂。1163 年，教皇亚历山大三世亲自奠基，启动了这座法国哥特式建筑的代表作工程；为了往工地上运送建材，还专门修了一条“圣母新街”。

最先建造完成的是教堂后面的祭坛，其次完成的是圣母院正殿和走廊，之后完成南塔、北塔及圣母院西侧正面。

大教堂花费了 50 年的时间，不停地变换着约翰·德歇尔、皮埃尔·德蒙特尔热、莫尔·德歇尔等设计师，竟然一直都没有完工。

等礼拜堂和甬道等设施完全竣工的时候，已经到了 1345 年了。

这样算下来，整个工程从开工到完成总共花费了将近 200 年的时间。在这期间，建筑师用自己的才智和浪漫，终于成就了这个“石头交响乐”。

几百年来，这座大教堂承载着法兰西的巨大辉煌，一直是法国宗教、政治和民众生活中重大事件和典礼仪式的场所。亨利六世曾在此举行隆重的加冕仪式；美男子菲利普在此地召开对巴黎社会影响深远的三级会议；太阳王路易十四在此地举办了盛况空前的加冕大典；罗马教皇在此为法兰西民族英雄贞德举行昭雪仪式；拿破仑也曾在此加冕。

到了 18 世纪，巴黎圣母院受到了“理性时代”人们的攻击。1789 年大革命期间，巴黎圣母院在反基督教的自由思想时期，遭受了其历史上最严重的亵渎，大门口、正面墙上的雕塑，以及内部建筑、彩色玻璃、雕刻等都被一一破坏，只有内院门上的圣母像幸存。

在这之后，对巴黎圣母院又开始了整修，到整个修复工程的完工，已经是19世纪中期了。不过，此次重建称不上是完全彻底的复原工程，而是将各个时代的痕迹拼凑起来以寻求历史的重现。

巴黎圣母院全景

早期哥特式建筑的伟大成就

巴黎圣母院的十字形平面，看上去十分雄伟庄严，风格独特、棱角分明、结构严谨，哥特式教堂标志性的高耸中殿、翼殿和高塔，都非常有特色。其尖拱和肋拱结构上的潜力与多样化，使早期哥特式建筑的成就超越了先前所有的建筑。

巴黎圣母院壁柱纵向分隔为三大块；三条装饰带又将其横向划分为三部分；最下面一条壁龛，被称为“国王长廊”，上面陈列着以色列和犹太国历代国王的28尊雕塑。

巴黎圣母院所有屋顶、塔楼、扶壁等的上部都采用了轻巧的龙骨结构，用尖塔作装饰，使整个拱顶升高，从而显得空间更大。高高耸立的尖塔，营造出的雄伟与神秘使中世纪的人们大为震惊。

同时，具有浪漫主义特色的建筑师们，还采用了与过去教堂不同的彩色玻璃大窗户。在“国王长廊”上面一层的中央，是一扇巨型花瓣格子圆窗，纤秀而优雅，有如灿烂的抽纱花边，显出一种妩媚的风姿，这就是有名的“玫瑰玻璃窗”。透过这些窗子，一束束阳光宁静地射进堂内。

最上面单薄的梅花拱廊，把两侧伟岸的黑色塔楼和用一排细小的雕花圆柱支撑着一层笨重的平台，连成一个和谐的宏大整体。

从圣母院正门入内，是长方形大教堂，长130米，宽50米，高35米。

巴黎圣母院内景

堂内正殿高于两旁附属结构，堂前祭坛中央供着天使与圣女围绕着殉难后的耶稣的大理石浮雕《最后的审判》。

堂内大厅可容纳9000人同时做礼拜，其中1500人可坐在讲台上。回廊、墙壁、门窗布满取材于《圣经》内容的雕塑和绘画。

教堂的内部，无数的垂直线条引人仰望，数十米高的拱顶在幽暗的光线下隐隐约约，闪闪烁烁，加上宗教的遐想，似乎上面就是天堂。于是，教堂就成为“与上帝对话”的地方。

教堂内部有非常著名的大管风琴，共有6000根音管，使用起来音色浑厚响亮，特别适合演奏圣歌和悲壮的乐曲。

巴黎圣母院一改以往和同时期教堂建筑那种拱壁厚重、空间狭小、屋顶低矮的弊端，呈现出一派肃穆安详的气氛，是纵与横、实与虚的完美结合，是和谐、典雅和匀称的绝妙体现，由此开创了欧洲建筑史上的一代新风。

沙特尔大教堂雕刻戏剧

法国的沙特尔大教堂，又称为“神秘教堂”，它那100多个玻璃窗和彩绘人物，组成了绚丽多彩的世界，与被称为“石刻的戏剧”的雕刻群像组成了和谐美妙的整体，以其宏伟壮观的建筑，成就了美学和科学上都堪称史无前例的壮举。

法国四大哥特式教堂之一

沙特尔教堂位于法国沙特尔城的一个山丘上，与兰斯主教堂、亚眠主教堂和博韦主教堂一起称为法国著名的四大哥特式教堂。

沙特尔城是中世纪欧洲西部宗教活动兴盛的地区。于9世纪开始在城内修建大教堂，最初建造的是一个地下小教堂。

11世纪时，又增建了更大的地下教堂，据说里面曾藏有圣母玛利亚穿过的衣服。

1145年，沙特尔大教堂又修建了部分罗马式建筑，1194年毁于火灾，后来重建，建筑风格转向哥特式风格，但旧有的罗马式钟楼也被保存了下来，形成了如今规模庞大的沙特尔教堂。

教堂旁改建后的哥特式塔楼，与原来高耸的罗马式钟楼左右相望，看起来有一种不平衡的美感，饶有趣味。这表明沙特尔教堂融合了12世纪的罗马风格及中世纪的哥特式风格。

沙特尔教堂遭受过很多突如其来的灾难。16世纪时，北面的教堂遭雷击后顶部被毁掉，后被人们修复。

1836年，第三次大火毁掉了教堂木制屋顶，后以金属屋顶代替，成为这一时期最大的哥特式建筑之一。

“神秘教堂”中的“石刻戏剧”

沙特尔教堂的主体建筑是大堂，包括3个圣殿。中殿是大教堂中最宽

沙特尔大教堂

的殿，长 130 米，正面宽 16.4 米，高 32 米；其他两个大殿分别与两座大门相通，象征耶稣不同时期的活动与生活。

中门因其门楣上的浮雕表现基督是万王之主，因此又称“主门”，两侧圆柱上是《圣经》故事中君王和王后的浮雕塑像。

南侧大门旁的雕像，呈现的内容是基督的一生；大堂侧大门旁的雕像是圣母和《旧约》人物。

大堂西部正门为一组三扇深凹进去的尖拱大门，门的两侧有 19 尊圆柱雕像。

中殿两侧，是那两座互不对称的尖塔钟楼。北侧钟楼为轻巧华美的罗马式，16 世纪初增建了一个火焰式镂空尖塔，塔顶高 111 米；南侧钟楼建塔顶高 106 米，体现出庄重务实的早期法国哥特式八角形建筑风格。

大教堂三扇大门的祭台与中殿之间有一个漂亮的祭廊，上面刻有描绘耶稣及玛利亚生平的浮雕；大堂各处，还遍布着无数较小的雕像。

这些雕刻群像，是最能体现法国哥特式雕刻艺术的典型作品，它们形体修长，头部前倾后仰、左顾右盼，充分表现出人物的神态和动作，被称为“石刻的戏剧”。

大堂内 170 幅彩色玻璃窗画，包括了近 4000 个拜占庭风格的人像，均以《圣经》故事为题材，形象鲜明突出，宗教气氛浓厚，被公认是 13 世纪玻璃窗画艺术中最完美的典型。

沙特尔大教堂，因它那 100 多个玻璃窗和彩绘人物组成了绚丽多彩的世界，体现天主教的宗教意识，因此又被称为“神秘教堂”。

亚眠大教堂再现活生生的圣经

亚眠大教堂是法国最大、最美的教堂，这里有多达4000多件精美的雕刻物品，木雕石刻生动地再现了《圣经》中的几百个故事，被称为“亚眠圣经”。而它那宏伟的建筑，更称得上是一座哥特式建筑顶峰时期的艺术殿堂。

由罗马式向哥特式的转变

亚眠大教堂就位于亚眠市内，始建于1152年，是一座罗马式建筑风格的教堂。

亚眠市创立于1117年，是一座历史悠久的城市。当“太阳王”路易十四取得政权后，在其心腹大臣柯尔贝尔的努力下，经过几十年的经营，亚眠市的商业、手工业等都变得十分发达。

亚眠大教堂建成60年后，1218年由于遭受雷击而被摧毁。1220年，当时的埃费阿·德·富依洛瓦主教重建亚眠大教堂，此时改为哥特式风格。

重建开始时进程很快，短短几年时间里，大教堂正面、主教堂、唱诗席修复工程就相继完工。

之后因种种原因，工程进度放缓了。又过了大约10年，才完成了中央广场的修建工程。

教堂的绝大部分，包括十字形的翼部回廊于1288年竣工。

1366年和1401年，又修建了教堂的南、北两处的塔楼。

1837年开始修复唱诗席南北侧木雕，一年后完工，成为法国四大哥特式教堂之一。

再现活生生的圣经

重建后的亚眠大教堂气势宏大，外观为尖形的哥特式结构。教堂两侧各有一座塔楼，北塔高67米，南塔高62米。

大教堂建筑共分3层，中央顶高42.3米，平面基本呈拉丁十字形，巨大的连拱占据了绝大部分空间。墙壁被每扇12米高的彩色玻璃覆盖，开创了建筑学上强调采光的新阶段，亦是哥特式教堂彩色玻璃窗的典范。

正面拱门与拱廊之间饰有花叶纹。支撑部分是四根细柱和一根圆柱组成的圆形柱，拱廊背面墙壁两侧开有两个玻璃窗。

拱门上方拱廊内的三叶拱下，每个小拱中均雕有6柄刺刀作为装饰，6柄刺刀又分两束，每束3柄。

亚眠大教堂

教堂内部由3座殿堂、1个十字厅和1座后殿组成，其明显特征是业已完善的哥特式的设计风格。

十字厅长133.5米，宽65.25米，大门上雕刻了全身圣母像和生平故事，气势宏伟，在彩色玻璃窗的光线下看起来非常明亮。

唱诗台由4个连拱构成，与殿堂分居在十字厅两侧，教堂拱门上天窗的色彩使其辉煌明亮，其下部由杂草来修饰，因此从内部看，教堂仿佛可以分为上下两层。

亚眠大教堂不仅建筑宏伟，而且有瑰丽的雕刻群。除南门雕有圣母生平外，还有正门的《最后的审判》，北门则雕有本教区诸神和殉道者。

据统计，教堂内共有多达4000多件精美的雕刻物品，生动地再现了《圣经》中的几百个故事，堪称是一部活生生的《圣经》，因此有“亚眠圣经”之誉。

科隆大教堂漫长的修建史

科隆大教堂是德国最大的教堂，也是科隆城的标志性建筑。它从奠基之始直到形成今日之规模，蕴含着强烈的德意志民族精神。它依傍着莱茵河的波光艳影，巍峨雄壮，冷峻高耸，是中世纪欧洲哥特式建筑艺术的代表作。

数个世纪的漫长修建史

科隆大教堂位于德国科隆市莱茵河畔的一座山丘上，原址是罗马时代的一座神庙。它是为了保存1164年意大利米兰大主教送来的《圣经》中传说的三博士的遗物仿照法国亚眠大教堂而兴建的。

第二次世界大战期间，科隆市遭到盟军多达260余次轰炸，整座城市几乎被夷为平地，科隆大教堂却奇迹般地保存下来。更令人不可思议的是，教堂从上到下那由一小片一小片大小不一的大理石拼绘出的彩色《圣经》人物图画，竟然在轰炸中都完好无损。

战争结束后，整整花了10年时间，才又重新把那些一小块一小块的大理石恢复成画。也因此，这些宝贵的文化遗产才得以保存。这些大理石用料考究，做工精细，堪称无价之宝。

德国哥特式建筑艺术经典

科隆大教堂南北宽83.8米，东西长142.6米，平面呈拉丁十字形，总面积达8400平方米。它巍峨雄壮，冷峻高耸，是典型的中世纪欧洲哥特式建筑艺术的经典。

大教堂共由16万吨石头堆积而成，表现出卓越的空间结构想象力，在高大、明亮、涂金的柱子之间，有一块块镶满彩色玻璃的大窗户，它除了门窗外几乎没有墙壁。整个建筑充分体现出建筑师对哥特精神的理解，它高耸、轻盈、富丽、灿烂、辉煌而神秘，如同一件精美绝伦的工艺品，

科隆大教堂外景

充满了雕刻与绘画的装饰。

大教堂十分高大，并富有创造性地揭示出哥特式建筑的本质。无论是尖端收尾的拱顶，高高细长的侧窗，还是中厅两侧拔地而起的成束的细柱，都没有任何横断的柱头及线脚来打断，都是笔挺的直线。

整个教堂的一切造型部位和装饰都以尖拱、尖券、尖顶为要素，教堂外部通通由垂直的线条所统贯。所有的塔、扶壁和墙垣上端，也都冠以直刺苍穹的尖顶。所有的拱券、门洞上的山花、凹龛上的华盖、扶壁上的脊饰都是尖尖的。

仔细看上去，整个建筑所有的细节都显得明快流畅，纤巧空灵；而且越往上越是细巧玲珑，向上的动势更为明显。

它的双塔是世界上最高的教堂塔，南塔高157.31米，北塔高159.38米。两塔的塔尖各有一尊紫铜铸成的圣母像。

两座尖塔上面是钟楼，里面有5座大钟，最著名的是“圣彼得钟”，直径3.1米，重达24吨。

大教堂的长厅被分为了5部分，内有10个礼拜堂，左右侧厅宽度都与中厅相等，各为两跨间。中厅是所有大教堂中最狭窄的，宽与高的比例大概为1:4，这样就使其产生一种超尘出世的效果。

中厅的陈列室中呈放着耶稣受难的木雕、圣器等众多圣物，是欧洲教堂中收藏圣物最多的教堂。

教堂四壁上方镶嵌着描绘《圣经》人物的玻璃，总面积达1万多平方米，在阳光反射下熠熠生辉，令人叹为观止。

第四章

文艺复兴时期建筑

向往较大的空间，要求在合适的环境中建筑和谐美观的房屋，这些都是托斯坎尼人的共同心愿。1309 年，锡耶纳市用雄辩的语言发表一篇公告，其中说：“负责城市治理的人应特别注意美化城市，一个文明社会的首要因素，是有一个公园或一块草地，以供公民和外宾欢娱之用。”

——《剑桥艺术史》

文艺复兴初建佛罗伦萨大教堂

佛罗伦萨大教堂也称“花之圣母大教堂”，享有世界上最美教堂的盛誉，是世界第四大教堂，意大利第二大教堂。其实，它是一组由大教堂、钟塔和洗礼堂组成的建筑群，是文艺复兴时期的建筑瑰宝。

文艺复兴建筑的“报春花”

佛罗伦萨大教堂位于意大利“花之都”佛罗伦萨市的杜阿莫广场和相邻的圣·日奥瓦妮广场上，中国诗人徐志摩曾将这座文化艺术古城译作“翡冷翠”，更富有诗意，也更有色彩和气质。

佛罗伦萨大教堂始建于1296年，当时，市民们从贵族手中夺回政权，大财商乔凡尼·美第奇为了庆祝胜利，慷慨解囊，由阿尔诺沃·迪卡姆比奥在原来的佛罗蒂诺大教堂的基址上，兴建新的佛罗伦萨大教堂。

1302年阿尔诺沃死后，教堂停工；后由乔陶、皮萨诺等人继续兴建。但因技术困难，内堂部的大圆盖架设问题一直成为久悬不决的难题，直到1420年才由著名建筑家勃鲁涅列斯基动工建教堂大穹顶，1434年穹顶完成，举行献堂典礼。

1496年，教堂主体最后完工。大教堂由此成为佛罗伦萨共和国的宗教中心，也是文艺复兴的第一个标志性建筑。

但是，教堂外立面的建造却进行得非常艰难，1587年仍未最后完成。为完成这一工程，该市举办了多次竞赛招标，约3个世纪后，才于1871年选中建筑师埃米利奥·德法布里的方案，并于1887年得以竣工。

世界上最美的教堂

佛罗伦萨大教堂本堂长达82.3米，由4个18.3米见方的间跨组成，本堂宽阔，平面呈拉丁十字形状，形制特殊。它由大教堂、钟塔和洗礼堂3部分组成，其实是一组建筑群，整个教堂上面加上精美的雕刻、马赛克

佛罗伦萨大教堂

和石刻花窗，装饰华丽，因此被称为“圣母百花大教堂”。

教堂的右侧钟楼有85米高，楼内有370级台阶，可登高俯瞰全城。楼内用托斯卡那白、绿、粉色花岗石贴面，使整座建筑显得十分精美。

教堂的边上还有一座八角形的洗礼堂，基贝尔蒂花费21年，在青铜大门上雕刻著名的“天堂之门”，并将《旧约全书》的故事情节分成10个画面，分别镶嵌在铜门的框格内。

教堂的南、北、东3面，各有一个外围有5个呈放射状布置小礼拜堂的半八角形巨室。

大教堂那直径达50米的中央穹顶，被誉为全世界第一教堂圆顶。它顶高106米，是最引人注目的建筑物。

穹顶的结构分内外两层，穹顶的基部平面直径达42.2米，呈八角平面形，内部原来的设计不做任何装饰，却构造合理，受力均匀，由8根主肋和16根间肋组成。

大穹顶内部为16世纪佛罗伦萨画家乔尔乔·瓦萨里所绘200平方米的巨幅天顶画《末日审判》。穹顶内还陈列了米开朗基罗的雕刻。

百年之后，米开朗基罗在罗马圣彼得大教堂也建了一座类似的大圆顶，却自叹：“我可以建一个比它大的圆顶，却不可能比它的美。”

利托米什尔城堡展示拱廊风格

利托米什尔城堡历经千年岁月沧桑，却完好无缺地保留下来，向世人展示了出现于欧洲文艺复兴时期的拱廊式的建筑风格，被称作“建筑学上的一颗珍珠”。它的建筑风格极大地影响了16世纪的欧洲中部。

“建筑学上的一颗珍珠”

利托米什尔城堡位于捷克中部的帕尔杜比采州，始建于10世纪末期，原本属于中世纪城堡。

早在1259年时，利托米什尔就具有了城镇特权。历史上，它曾是一个非常繁华的城镇，此后几百年屡经重建，深受各时期建筑风格的影响。

自1568年开始，当地贵族将原有的这座中世纪城堡进行改建，历经14年最终完工，成为了一座意大利文艺复兴时期建筑风格的城堡。

在主体上，它承袭了最早成形于意大利文艺复兴时期的拱廊式城堡的建筑风格。在16世纪的欧洲中部，这种建筑风格被广泛采纳并得以充分发展。

但是之后，由于利托米什尔经常受到大火的袭击，深受自然灾害毁掉的这些房屋，在晚期重建时，其结构、装潢及装饰物带有明显的巴洛克式样。

后来，城堡内建了一个异常别致的能够容纳150个观众的小剧院。在20世纪80年代，该城堡还是米洛什·福曼的影片《阿马德乌斯》的一个拍摄点；1994年，中欧七国首脑的谈判就是在这里举行的。

这样一来，该城堡就融合了数个世纪的建筑风格，堪称建筑艺术上的极品，因此被称作“建筑学上的一颗珍珠”。

“摩拉维亚”类型

利托米什尔城堡是一个令人神往的地方，整座城堡占地面积非常大，很像一座公园，古树参天、绿草茵茵、流水潺潺。

在建筑史上，一般将该城堡归于文艺复兴时期城堡中所谓的“摩拉维亚”类型。

所谓“摩拉维亚”类型的建筑，是一种有着高大的拱廊式建筑，而且内饰十分奢华，每一种装饰物都修建得非常精细，并采用大量装饰性壁画。

利托米什尔城堡的塔顶很高，城堡外墙上用五彩拉毛粉饰绘成的砖，每块砖都画得非常不同。

城堡内部，如今还呈现着曾经的富贵装饰。奢华的房间，摆放着各式钢琴。就连地下室的装饰也很奢华，那里有着风格粗犷、各具特色的雕塑和油画，栩栩如生，很有艺术感染力。

这些雕刻和油画，是由20世纪70年代捷克共和国一流的油画家瓦茨拉夫·博斯蒂克和雕刻家奥布拉姆·朱贝克制作的。

利托米什尔城堡显示了中欧文艺复兴时期贵族住宅的建筑特色，它被完好无缺地保留下来，向世人充分展示了“摩拉维亚”类型设计独到、装饰精美的建筑风格。

利托米什尔城堡

阿尔汗布拉宫是摩尔人的留存

西班牙的阿尔汗布拉宫原是中世纪摩尔人在西班牙建立的格拉纳达王国的王宫，是摩尔人留存在西班牙所有古迹中的精华。从建筑历史而言，阿尔汗布拉宫是美学艺术的集大成者，有“宫殿之城”和“世界奇迹”之称。

摩尔人留存在西班牙的古迹

阿尔汗布拉宫位于安达卢西亚省北部，内华达山的最高处，地势险要，原是中世纪摩尔人在西班牙建立的格拉纳达王国的王宫。附近是灌溉便利的平原，格拉纳达古城盘踞在3座小山之上。

王宫建于13世纪阿赫马尔王及其继承人的统治期间，是阿拉伯风格的杰作。

1492年，西班牙人成功将摩尔人驱逐出境，阿尔汗布拉宫内部装饰多遭拆毁和破坏，一度荒废。

在查理五世统治西班牙时，对拆毁的部分建筑进行修建，但没有原样复原，而是模仿文艺复兴风格修建了意大利式的宫殿。

1812年拿破仑入侵西班牙时，宫殿的部分建筑又一次被毁。1821年该地发生地震，建筑又遭破坏。

直到1828年，在斐迪南七世的资助下，经建筑师何塞·孔特雷拉斯与其子孙3代进行长期的修缮与复建，阿尔汗布拉宫才重新恢复了原有风貌，从此成为西班牙最重要、最美丽的建筑。

伊斯兰风格建筑的静谧之美

阿尔汗布拉宫占地约14万平方米，四周有高厚的城垣，是典型的伊斯兰风格的建筑。

宫中的主要建筑物是4座宽敞的长方形宫院及其相邻的厅房，环绕这些庭院的周边数十座城楼的布局都非常精确而对称，但每一庭院综合体的

阿尔汗布拉宫

自身空间组织却较为自由。

在这 4 个庭院中，最负盛名的当属“桃金娘宫院”和“狮泉庭院”。

桃金娘宫院长近 50 米，宽 20 多米，分南北两厢。中央有大理石铺砌的大水池，四周植以桃金娘花。

宫院走廊柱子由无数圆柱构成，这些圆柱上，全是精美无比、手工极为精细的图案。而圆柱是将珍珠、大理石等磨成粉末，然后再用人工慢慢堆砌雕琢而成的。

这里的厅，以其雕刻有星状彩色天花板和拱形窗户著称。建筑墙壁上全镶嵌着金银丝，构成色彩艳丽的几何图案。其中觐见室大厅呈边长 10 米左右的正方形，四面以墙围筑，中间的圆顶高达 20 多米，内设苏丹御座。

宫中最为知名的当属狮泉庭院，长 30 多米，宽近 20 米，中央建筑是模仿西妥教团的净手间形式，四面环绕着的游廊由 124 根大理石圆柱组成，姿态俏巧；圆形屋顶装饰着金银丝镶嵌细工的精美图案，轻灵华丽。

该院的地面用彩砖铺砌，四周墙壁镶以 1.5 米高的蓝黄两色相间的彩砖，砖的上下端还有靛蓝和金黄两色瓷釉饰边；柱廊为白色大理石材质。

在庭院建筑的室内，满目可见色彩鲜艳的几何形纹饰和阿拉伯文字图案。

宫院中央是 12 头白色大理石狮子簇拥的盘形喷泉水池，在各厅房，还有图案别致的石钟乳状垂饰花纹。喷泉流水和繁茂的植物与宫殿相掩相映，人们感觉到的是阿尔汗布拉宫独有的静谧。

米兰大教堂是“大理石的诗”

米兰大教堂是米兰的精神象征和标志，也是世界上最大的哥特式建筑。它的主教堂用白色大理石砌成，整个外观极尽华美，是欧洲最大的大理石建筑，有“大理石的诗”之称，堪称世界建筑史和世界文明史上的奇迹。

漫长的修建历史

1386年，米兰大教堂开始兴建，得到了米兰的第一位公爵吉安·加莱亚佐·维斯孔蒂的大力支持，并为教堂主持了奠基。

此后，米兰大教堂工程持续了约5个世纪。这一建筑在1500年完成拱顶，1577年完成了初步的建筑，并开始供信奉天主教人士参拜。

1809年，根据拿破仑的命令，开始进行完工前的装饰润色。1813年虽然教堂的大部分建筑完工，但到1897年才算最后完工。不过还有教堂正面的最后一座铜门，直到1965年才被安装上。

现在的米兰大教堂保持了“装饰性哥特式”的建筑风格。在教堂建成后，又陆续增建了不少附属的建筑物，直到19世纪末才最后定型，成为哥特式建筑的代表作。

到了1935年，米兰市又对大教堂进行大规模维修。但在“二战”中它却遭受到盟军战机的轰炸，造成很大损毁。

战后，人们对损毁处进行了修建，此后又更换了地板，对堂内的12根大型直柱也进行了维修；这项维修工程一直到20世纪80年代中期才完成。

哥特式的大理石之诗

米兰大教堂整个建筑呈拉丁十字形，长度大于宽度。教堂整个外观极尽华美，是欧洲最大的大理石建筑。主教堂是用白色大理石砌成，有“大理石山”之称。美国作家马克·吐温称之为“大理石的诗”。

大教堂历经数个世纪才得以完工，这期间汇集了多种民族的建筑艺术风格。这座建筑总体上是哥特式风格基调；在内部装饰上，还融入了巴洛克风格。因此，米兰大教堂的建筑风格极具多样化，但以世界上最大的哥特式教堂而著称。

米兰大教堂夜景

教堂上半部分是哥特式的尖塔，下半部分是典型的巴洛克式风格，这是文艺复兴时期具有代表性的建筑物。

教堂正面被6根巨大方柱分隔出五扇铜门，每座铜门上分有许多方格，每个方格内都雕刻着教堂历史、神话与《圣经》故事。

其实，教堂从上而下均满饰雕塑，内外墙均点缀着多达6000余座圣人、圣女的雕像。

教堂顶部耸立着135个尖塔，每个尖塔上都有精致的人物雕刻，极尽繁复精美。中央塔上的圣母玛利亚雕像高4.2米，为镀金铜像，圣母身裹3900多片、重700多千克的金叶片，在阳光下光辉夺目，这代表了所有米兰人的共同标记。大教堂最初的名字便叫“圣母诞生大教堂”。

教堂内部由白色大理石修筑而成。那长约130米、宽约59米的哥特风格浓郁的大厅，被4排柱子分开。这些柱子，柱与柱之间有金属杆件拉结，共同支撑着重达1.4万吨重的拱形屋顶，形成5道走廊。两侧束柱柱头，尖尖的拱券在拱顶相交，形成向上升腾的动势。

厅内的彩色玻璃大窗，高约20米，共有24扇。窗细而长，上嵌彩色玻璃画，内容以耶稣故事为主。采光靠两边的侧窗，光线幽暗而神秘。

教堂西端是仿罗马式的大山墙，墙面分成5个部分，是由众多的垂直

米兰大教堂内景

线条和扶壁分开的，而且扶壁上布满神龛雕像。在所有柱子的柱头上都有内置雕像和手工精美的小龛。

复杂的内部设施

米兰大教堂内，藏有米兰名人的陵墓和许多艺术珍品，所以米兰大教堂可以堪称神圣的圣殿。

教堂的屋顶上，是被称为“太阳钟”的一个小洞，每天中午阳光由小洞射入，正好落在地上固定着的一根金属嵌条上。“太阳钟”自 1786 年建成后 300 多年来，每天都可准确地标出正午时分。

教堂大厅内，供奉着 15 世纪时米兰大主教的遗体，头部是白银筑就，躯体是主教真身。大教堂之下，安葬的也是一些闻名的神父。

殿内的大祭坛体现出哥特式建筑的装饰重点，祭台四周设 5 尺高栏，正中圣体龛外有 8 根镀金铜柱，其下由 4 个小天使抬着，支撑着一个凯旋基督铜像的顶盖。

祭台后共有 4 架大型风琴，其中一架有 180 个调音器，1.3 万个音管，这架大风琴声音优扬悦耳，雄浑有力。

教堂内有众多的艺术作品。比如教堂北耳堂中，有由 7 个部件构成的青铜蜡扦；南耳堂中，则耸立着一尊圣巴塞洛缪的大理石雕塑，造型粗犷恐怖。

此外，教堂内还有宝物库和米兰大教堂博物馆等。

教皇退居梵蒂冈城

梵蒂冈城是世界最大的宗教建筑，同时，这个面积仅0.44平方千米的城中国也是世界上最小的国家，但却又集中了一批举世无双的艺术品和建筑杰作。全城的中心是修筑在使徒圣彼得墓上的大教堂，是基督教世界的圣地。

世界上面积最小的“城中之国”

梵蒂冈位于意大利首都罗马西北角高地上，是一个“城中之国”。梵蒂冈城区便是梵蒂冈国家的疆域，面积仅0.44平方千米，是世界上最小的国家，常住人口仅500人。

公元4世纪，正是罗马帝国衰亡之际，罗马城主教乘机掠夺土地，经过两个世纪后，成为罗马城的统治者，自称“教皇”，自此建立了罗马为首都的“教皇国”。

1870年，意大利王国吞并了教皇国，教皇退守罗马西北角梵蒂冈高地上的梵蒂冈城。1929年，意大利政府与教皇签订条约，承认梵蒂冈城以国家的形式存在。

梵蒂冈国是政教合一的体制，教皇就是国家元首。国内货币、邮政、电信及民政机构俱全，主要以旅游和在国外的大量土地、投资、黄金和外汇储备为国家收入来源。

梵蒂冈城北、西、南三面有高墙与罗马市隔开，但东面经圣彼得广场可直达罗马市。大教堂是梵蒂冈全城的中心，也是世界上最大的宗教建筑。

1984年，由于梵蒂冈国集中了一批举世无双的艺术品和建筑杰作，被联合国教科文组织列入世界文化与自然遗产保护名录。

天主教圣地圣彼得广场

圣彼得广场位于梵蒂冈最东面的台泊河西岸，因圣彼得大教堂而得名。

梵蒂冈城全景

广场由建筑大师贝尔尼尼亲自监督施工，历时 11 年完工，可容纳 50 万人，是罗马教廷用来从事大型宗教活动的地方。

广场有 3 个柱式走廊，由 284 根圆柱和 88 根方柱组合而成。柱高 18 米，每 4 根一列居于广场两边；每根石柱的柱顶各有一尊大理石雕像，刻画的是罗马天主教会历史上的圣男圣女，他们神态各异，栩栩如生，有极强的装饰性。

广场中央矗立着一座方尖石碑，在石碑上雕刻着铜狮，铜狮之间镶嵌着雄鹰，作展翅欲飞状。

广场正面的圣彼得大教堂是梵蒂冈内的最高建筑，也是全世界最大的天主教堂。彼得是跟着耶稣一起传教的圣徒。耶稣死后，他携众教徒西行万里，从巴勒斯坦来到罗马传教，后不幸被历史上著名的暴君尼禄倒钉在十字架上，悲壮地以身殉教。

公元 325 年，罗马的君士坦丁大帝在皈依基督教后，决定在埋葬彼得的地方建立一座小教堂作为纪念。

随着基督教势力日趋昌盛，16 世纪时，教皇尤里乌斯二世下令拆除破旧的小教堂，在原址兴建一座宏伟壮丽的新圣彼得教堂。教廷采取公开竞标的方式选择设计方案，画家兼建筑家布拉曼特的巨型圆顶与希腊十字形叠合的设计方案在众多应征方案中脱颖而出。

大教堂于 1506 年开始动工，历时 100 多年的重建才最终得以完成。前后约有 20 个教皇主持重建工作，还包括拉斐尔、米开朗基罗、贝尔尼尼在内的10多位文艺复兴时期的艺术大师先后参与了设计工作。

新建的大教堂规模宏大，高达138米，在1990年非洲的大天主教堂建起之前，一直是世界上最大的天主教堂和世界上最大的圆顶建筑物。

圣彼得大教堂外形朴实文雅，而内部装饰却金碧辉煌，极为璀璨精美，其巧妙繁复，令人目不暇接。

另外，遍及大教堂堂顶、墙壁、石柱的浮雕和雕像，以及色彩斑斓的图案也令人眼花缭乱。

富丽堂皇的梵蒂冈宫

梵蒂冈宫自公元14世纪以来一直是历代教皇的定居之处。数百年来，已几经改建，内有礼拜堂、大厅、宫室等，成为了世界天主教的中枢，还有供教皇私人使用的西斯廷教堂。

16世纪初，画家拉斐尔的叔父伯拉孟特是负责圣彼得大教堂与梵蒂冈宫的总建筑师。年仅25岁的拉斐尔被请到罗马，创作出了著名的《西斯廷圣母》壁画。

1574年以前，这幅祭坛画一直被指定装饰在为纪念教皇西克斯特二世而重建的西斯廷教堂内的礼拜堂里，后来被德国德累斯顿博物馆收藏。

梵蒂冈宫内景

供教皇私用的西斯廷教堂长40.5米、宽13.3米、高20.7米，是公认的意大利文艺复兴时期的建筑杰作。

西斯廷教堂的天花板和墙壁，装饰得尤为富丽堂皇，由米开朗基罗花费4年时间绘制的著名壁画《创世纪》和《最后的审判》，堪称艺术珍品。

尚博尔城堡：实用的审美过渡

尚博尔城堡是古堡建筑由实用性向建筑审美性转变的鲜明例证，是融会了中世纪传统建筑模式和古典意大利式风格的完美之作，成为法国城堡的象征。它虽历尽沧桑，但时至今日却仍保存完好，具有极高的建筑价值与历史意义。

达·芬奇为城堡绘制草图

尚博尔城堡坐落在法国卢瓦尔河谷大森林中部，由16世纪初文艺复兴运动的热情追随者弗朗索瓦一世下令修建。

1517年，意大利艺术大师达·芬奇受弗朗索瓦一世邀请来到法国宫廷，为尚博尔的建筑方案绘制了几幅草图。弗朗索瓦一世对达·芬奇的草图大为赞赏，他立刻命令其他建筑师开始结合达·芬奇所绘草图制订完整的设计计划。

国王把城址选在当时全法国野生动物最多的区域之一，无边的森林、蜿蜒穿流其间的卢瓦尔河一起构成了它特有的风光，贵族们将这里视为狩猎的黄金地段。

为使城堡处于优美的环境之中，国王还在城堡附近购买了大片土地。

1519年，城堡的修建正式开工，由意大利建筑师柏纳贝主持。弗朗索瓦一世被囚禁期间，工程一度中断，他恢复自由后立即复工，直至1538年，花费了近20年的时间，才完成了其中央部分。

建筑物的两翼后由亨利二世增建。弗朗索瓦一世去世后，全部修建工程直到150年后的路易十四时期才完成。

路易十五时期，城堡被赐予战功赫赫的萨克森元帅，元帅死后逐渐被废弃。

法国后来爆发了大革命，尚博尔城堡曾被几度抢掠，丧失了许多珍宝，而且也丧失了城堡的功能，先后沦为养马场、火药工厂和监狱。

1932年，法国政府买下尚博尔城堡的产权，改为国家狩猎公园，周长 32 千米的围墙至今坚固如初，成为欧洲最大的公园。

实用性与建筑审美的结合

尚博尔城堡是中世纪传统建筑模式和古典意大利式风格的完美结合，城堡中央聚集了许多修长的小塔，组成了最具特色的哥特式艺术气息。

最高处是三面封闭的长方形城堡主楼，距地面 128 米，长 156 米、宽 117 米；四角建有直径 19.5 米的坚固的圆柱体塔楼。下部的简朴和上部的华美很好地融合，使建筑整体看起来既有鲜明对比，又浑圆有致。

尚博尔城堡近景

城堡的建筑风格，既加入意大利建筑师传统的细部设计，又体现出法国传统的基础，从而使建筑产生了一种丰富的审美感。在门窗等细部，一概要求对称，这是文艺复兴式建筑的重要特征。

在建筑物中央，有 4 间呈十字形排列的守卫室。守卫室交叉处有一座举世闻名的楼梯。楼梯顶端是 33 米高的塔顶天窗。窗顶为八块尖弧形拱拼成。

在尚博尔城堡内部，抛弃了藏楼板的装饰性嵌板天花板，用大梁、小梁和楼板来替代，这是一个巨大的创举，体现出古堡建筑由实用性向建筑审美性转变的鲜明例证。

城堡内共设有 365 个壁炉。这样一来，城堡内每天只需点一个壁炉，每个壁炉一年只用一次。壁炉仍然是隐藏式的，但装饰了意大利式图案、涡纹装饰或象征性的徽章之类的花纹，颇有特色。

卢浮宫：开始只为存放珍宝

卢浮宫既是一件伟大的建筑艺术杰作，也曾是法国历史上最悠久的王宫。今天，它又成为世界上最古老、最大的艺术博物馆之一，藏品中有被誉为世界三宝的《维纳斯》雕像、《蒙娜丽莎》油画和《胜利女神》石雕。

新老建筑的结合

卢浮宫位于法国巴黎市中心的塞纳河北岸，整体建筑呈“U”形。它又可分为新、老两部分，老的建于路易十四时期，新的建于拿破仑时期。

早在十字军东征时期，菲利普·奥古斯特二世为了保卫北岸的巴黎，于1204年下令在此处修建了一座用于存放王室档案和珍宝的城堡，并命名为卢浮宫。

查理五世时期，卢浮宫曾被当作王宫。但在其后的350年间，这里却成为了王室贵族们的享乐之处，他们在卢浮宫不断增建华丽的楼塔和别致的房间。

16世纪中叶，弗朗西斯一世继承王位后，下令拆毁了卢浮宫，在原来城堡的基础上重新建造了一座意大利式的宫殿。他购买了《蒙娜丽莎》等油画珍品，并请意大利画家在宫内为其创作肖像画。

但其子亨利二世即位后，出于对法国文艺复兴时期的建筑艺术的喜爱，又把父亲毁掉的部分重新恢复了。

亨利四世在位时，用了13年时间，建造了卢浮宫那长达300米的大画廊。这个华丽的走廊也成为了卢浮宫最壮观的部分。

到了法国历史上著名的“太阳王”路易十四在位时，把卢浮宫建成了正方形的庭院。

路易十六在位时，法国爆发了大革命，1792年王权被废除后，法国国民议会宣布卢浮宫成为公众的博物馆，正式对外开放。

这种状况一直延续了6年，直到帝国皇帝拿破仑一世搬进卢浮宫。他在卢浮宫大兴土木，修建了更多的房子和拱门，并把欧洲其他被征服的国

卢浮宫

家的殿堂、图书馆和天主教堂中能搜罗到的艺术品，都运到了巴黎，放入卢浮宫。拿破仑还自豪地将卢浮宫改名为拿破仑博物馆。

12 年后，拿破仑在滑铁卢战役中惨败，卢浮宫中一些被他掠夺来的艺术品物归原主，但仍有许多被法国人留下了。

之后拿破仑三世也是一位野心勃勃的霸主，他在卢浮宫执政 5 年，直到他去世，卢浮宫整个宏伟建筑群才告以完成。拿破仑三世所修建的建筑，竟然超过了前辈在 700 年内所有修建的总量。

杰出的艺术建筑

卢浮宫曾是法国历史上最悠久的王宫，如今则是世界上最古老、最大、最著名的博物馆之一，它的陈列面积有 5.5 万平方米。据统计，宫内共收藏有 40 多万件来自世界各国的艺术珍宝。

法国人根据所藏艺术珍品的来源地和种类，分列 6 大展馆中展出，即东方艺术馆、古希腊及古罗马艺术馆、古埃及艺术馆、珍宝馆、绘画馆及雕塑馆。这些展馆又包含有 198 个展览大厅。

藏品中有被誉为世界三宝的《维纳斯》雕像、《蒙娜丽莎》油画和《胜利女神》石雕。藏品中有大量希腊、罗马、埃及及东方的古董，还有法国、意大利的远古遗物。

卢浮宫的闻名天下，还在于它本身便是一座杰出的艺术建筑。卢浮宫博物馆自东向西横卧在塞纳河的右岸，整个建筑壮丽雄伟，包括庭院和数百个用来展示珍品的富丽堂皇的大厅，处处都是呕心沥血的艺术结晶，大厅的四壁及顶部都有精美的壁画及精细的浮雕，让人叹为观止。

帕拉第奥建造圆厅别墅

帕拉第奥的圆厅别墅是意大利文艺复兴时期的著名建筑，它一丝不苟地执行着古典的构图方法，体现出完整鲜明、和谐对称的建筑形制，优美典雅的建筑风格，为后世建筑确立了光辉的典范，对欧洲各地建筑影响很大。

文艺复兴最后一位建筑大师

安德烈·帕拉第奥（1508—1580）是意大利文艺复兴时期的著名建筑家。他生于帕多瓦的一个磨坊主家庭，14 岁开始学雕刻，后离开家乡来到古城维琴察，进入两位雕刻家的工作室，一待就是 10 多年。

帕拉第奥在 30 岁时来到罗马，潜心学习研究古典建筑。他一度受到米开朗基罗和样式主义的影响，但对同时代的维尼奥拉更为推崇。

帕拉第奥有着极高的艺术修养和分析鉴赏水平。作为 16 世纪意大利最后一位建筑大师和 17 世纪古典主义建筑原则的奠基者，他曾经提出过许多关于建筑美学的观点，并阐述了他在构图方面的理论。

帕拉第奥认为建筑美来自美丽的形状、整体和局部的比例，以及来自局部与局部的比例，因此，他追求建筑物端庄、朴素而又高贵的气质，推崇集中式布局，将建筑比作一个单纯的、完美的人体；为了使建筑物建得更好，在建筑物的各部分中一定要分清主导部分和辅助部分。

帕拉第奥还偏爱白色，他曾表示："在全部色彩中，最适合于神殿的是白色，因为这种色彩的纯洁，正如生活的纯洁一样，上帝是最喜爱的。"

柱式体系的代表作

古典柱式体系的复兴，是意大利的文艺复兴运动在建筑史上的主要反映。帕拉第奥所设计的圆厅别墅，就是这种柱式体系的代表作。

圆厅别墅位于意大利的维琴察，是帕拉第奥建于 1552 年的作品。它是在一个四面开阔的小山坡上建起来的集中式构图的住宅。这座建筑与自然环境融为一体，给人一种纯洁、端庄和高贵的美感，并且充满诗情画意。

这座别墅体现了帕拉第奥的全部建筑思想，最大的特点在绝对对称。住宅平面呈正方形，每边边长约 24.3 米，住宅内部的正中是个圆形大厅，直径约 10.6 米。内部的房间按纵横两条轴线对称布置，甚至希腊十字型四臂端部的入口门厅也一模一样。

这座圆厅别墅的 4 个入口，都是在正方体的屋子外加 6 根古典柱式的门廊，由门廊前面的踏步可直接进入二层的主要居室。这个门廊非常高，高达两层，所以它看起来十分宏大宽阔，一副贵族气派。

那 6 根门廊柱子上方，是一片装饰华丽的家族纹徽，在各入口处的台阶两边的墙上也同样安置着雕像。

如果站在远处看，可以看到大厅穹顶稍稍高出周围的屋顶，似乎是这所房屋的主脑。由于大厅的前后左右都有入口，每一个入口都完全相同，无论从哪一个入口进去，都有主入口的感觉。

圆厅别墅一丝不苟地执行着古典的构图方法，对于欧洲的住宅建筑影响很大。在 18 世纪上半叶，英国的建筑中还专门产生了“帕拉第奥”主义。

圆厅别墅

路易十四使凡尔赛宫建成

富丽堂皇、雍容华贵的凡尔赛宫，堪称法国艺术最杰出的代表。它是欧洲自古罗马帝国以来，第一次集中巨大的人力、财力、物力所缔造的非凡建筑；作为欧洲最宏大的王宫，它使法国整个黄金时代的建筑艺术达到了顶峰。

意义非凡的法国王宫建筑

凡尔赛宫坐落在巴黎西南18千米的凡尔赛镇，是人类艺术宝库中一颗灿烂的明珠。在凡尔赛宫修建之前，这里只不过是一座不起眼的小村落。

1627年，路易十三偶然路过这个地方，一下子就看中了，于是买下了一大片的森林、荒地和沼泽地区，并修建了一座两层红砖楼房，作为一座皇家狩猎时的行苑。

到了雄才大略的“太阳王”路易十四执政时，他使法国的绝对君权制发展到了顶峰。为了使王宫与自己至高无上的地位相匹配，决定把这个行苑改建成有史以来最大、最豪华的宫殿。

为此，他前后历经29年时间，集中了当时著名的建筑师、设计家和技师，倾尽全国人力、物力和财力，建成了这座后来举世闻名的凡尔赛宫。

1682年，法国王室正式从巴黎迁至凡尔赛。路易十四在位50年间，又对凡尔赛宫进行了无休止的扩建、修缮和装饰，使凡尔赛宫的豪华精美达到了登峰造极和无以复加的程度，成为欧洲最宏大、最华丽的宫殿。

路易十四死后，他的曾长孙路易十五即位，路易十五和之后的路易十六都喜欢居住在凡尔赛宫内。因此，他们又进一步对凡尔赛宫加以扩建，重新装饰并融会所有的建筑风格，法国古典主义、洛可可式直至新古典主义的建筑风格应有尽有。

1789年，法国大革命爆发，路易十六不得不结束了他在凡尔赛宫奢华舒适的生活。1792年，愤怒的群众将他送上了断头台。而凡尔赛宫作为路易十六罪恶生活的证据，曾一度遭到冷遇和劫难。

凡尔赛宫全景

1837 年，七月王朝首脑路易·菲利普国王下令修复凡尔赛宫，并将其南北宫和正宫底层改为博物馆。

雍容华贵的建筑特色

凡尔赛宫是一座庞大的宫殿，宫殿主体长达 707 米，总建筑面积为 11 万平方米，园林面积达到 100 万平方米。气势磅礴，布局严密、协调，外观宏伟、壮观，宫殿外壁上镶嵌着大理石人物雕像，造型优美、栩栩如生。

宫殿以东西为轴，南北对称，中间是王宫，两翼是宫室和政府办公处、剧院、教堂等。在长达 3 千米的中轴线上，还建有雕像、喷泉、草坪、花坛、柱廊等。

凡尔赛宫中最为富丽堂皇的，当属位于中部的镜厅。镜厅规模宏大，长 73 米，宽 10.5 米，高 12.3 米，左连和平厅，右通战争厅。拱形的天花板上绘满了反映中世纪晚期路易十四征战功绩的巨幅油画，还装有巨大的吊灯，上面可放置几百支蜡烛。

镜厅两旁排列着 8 座罗马皇帝的雕像、8 座古代天神的雕像及 24 支光芒闪烁的火炬。吊灯、烛台与彩色大理石壁柱及镀金盔甲交相辉映，十分奢华美丽。

镜厅的墙面贴着白色的大理石，壁柱使用的是深色的大理石，柱头是铜制的，且镀了金。

在镜厅中，有一面墙安装着 17 扇面向花园的巨大圆拱形大玻璃窗；与它相对的墙壁上，则贴满了 17 面均由 483 块镜片组成的巨型镜子。白天，人在屋中，通过透明的大玻璃就可以欣赏到花园的美丽景色。入夜，几百支燃着的蜡烛与镜外的璀璨群星交相辉映，使人如入仙境一般。

除镜厅之外，宫内其他 500 多间大殿小厅，也是处处金碧辉煌、豪华非凡。各厅的天花板上装着巨大的吊灯和华丽的壁灯；墙壁和柱子都用色彩艳丽的大理石贴成方形、菱形、圆形的几何图案，有的墙面上还嵌着浮雕，画着壁画。

此外，各殿厅中均配有精雕细刻、工艺精湛的木制家具，给人以华美、铺张、过分考究的感觉。来自世界各地的珍贵艺术品陈列在宫中。

凡尔赛宫的正宫前面是一座风格独特的法兰西式大花园。这个大花园绵延长达 3 千米，极其讲究对称和几何图形化，完全是人工雕琢的。

花园近处有两个拥有 600 多个喷头的巨型喷水池，喷头同时喷水，能够形成遮天盖地的水雾，在阳光下形成七色的彩虹。

在喷水池边，伫立着 100 尊娇美婀娜的女神铜像；园中各式花坛，错落有致，布局和谐，坛中花草的种植，别具匠心。亭亭玉立的雕像则掩映在婆娑的绿影和鲜花的簇拥中。

花园里有一条运河，将花园内外的水池相互连为一体。

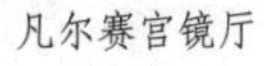
凡尔赛宫镜厅

第五章
十七世纪建筑

许多罗马雕塑和建筑物保存下来，自今犹在，雕塑中还包括大量希腊作品的仿制品。这些遗物对17世纪艺术家来说，既是样版又是挑战，正像它们对文艺复兴艺术家也起到同样的作用，但17世纪的艺术家看问题的眼光不同，而且他们受到不同作品的影响。

——《剑桥艺术史》

格林尼治天文台原是皇家宫殿

英国皇家格林尼治天文台旧址位于英国伦敦东南8千米的泰晤士河畔的格林尼治，原来是一座皇家宫殿。第二次世界大战后，格林尼治天文台迁往新址，旧址则成为供游人参观的国家博物馆。

由皇家宫殿瞭望塔改建而成

英国皇家格林尼治天文台旧址格林尼治小镇，位于英国伦敦东南8千米的泰晤士河畔，此处是大伦敦的一个区，依山傍水，景色宜人，野兽经常出没，最初是英国皇家狩猎场。

另外，这里地势比市区高，又是从海上进入泰晤士河到伦敦的必经之地，素有“伦敦咽喉”之称，因此也是一处战略要塞。

1616年，詹姆斯一世的皇后命令尹尼果·琼斯在格林尼治皇家公园中设计建造一座宫殿。这座宫殿的建筑风格源自意大利皇宫，一改英国詹姆斯一世时期的建筑样式，宫殿富丽堂皇，内部采用了螺旋式的楼梯设计，是英国最早的古典式建筑。

1638年，这座宫殿竣工。后来出于战略考虑，在宫殿外围修建了炮台和瞭望塔。

17世纪下半叶，西方航海业日益兴旺。当时仅凭日月星辰只能大体判断航船所处的纬度，但还无法测定所处的经度。

1675年，查理二世将格林尼治的瞭望塔改建成了英国皇家天文台。该天文台经过长期观测和研究，终于解决了测定航船经度这个难题，为英国成为海上霸主做出了重大贡献。

当时在计算经纬度时还存在分歧，各国自定经线，各行其是，给航海计时制图造成诸多不便。1884年，世界各国天文学家在华盛顿开会决定，鉴于格林尼治天文台的杰出贡献和国际声誉，应该把从该地划出的经线确定为零度经线。

同时还规定，把世界划分为24个时区，以格林尼治时间为国际标准时间，从此世界有了统一的空间和时区的概念。

改为国家海洋博物馆

第二次世界大战后，格林尼治地区工业发展迅速，人口激增，环境污染日趋严重，对天文台的观测影响极大。1948 年，格林尼治天文台被迫迁往英格兰东南部的赫斯特孟苏新址，但仍称为“英国皇家格林尼治天文台”。

天文台搬迁后，旧址则被列为国家海洋博物馆，馆内设有天文站、天文仪器馆等，主要供展览用。

这里陈列着人类最原始的计时器具日晷和沙漏，以及早期的天文望远镜、各国早期设计的时钟、地球仪、浑天仪，还有很多天象发现的经过（如哈雷慧星等）。其中，最著名的如英国钟表制造家哈里逊发明的航海天文钟、最简单的罗盘、计时最精确的原子钟等。

天文台角塔的顶端耸立着一个红色的时球，造于 1833 年。从那时起，它就每天 12 点 55 分升到杆顶，13 点准时落下，航行在泰晤士河上的船舶可以此作为准确的时间参考。

在庭院大门墙上，有 1851 年镶嵌的门钟，是天文台旧址的一个重要文物。这台至今还非常准确的时钟所指示的时间就是国际标准时间。

天文台最吸引人的还有那座子午宫，宫内有一条镶嵌在大理石地面上的笔直铜线，就是举世闻名的本初子午线，即零度经线。

格林尼治天文台

波茨坦的宫殿和庭院

波茨坦的宫殿和庭院所组成的建筑艺术体系，是18世纪欧洲城市和艺术时尚的结合，也是建筑创新和园林艺术的典范，它们提供了一种新的模式，极大地影响了欧洲的建筑艺术的发展和空间的拓展技巧。

普鲁士的凡尔赛宫

勃兰登堡州的首府波茨坦位于柏林市西南郊，是一座有着1000年历史的老城。在建城之初，它曾是斯拉夫人的居住地。

1660年，普鲁士的前身勃兰登堡“大选侯”威廉开始在波茨坦这座人烟稀少的小城营建宫室，并把这里定为陪都。为了让波茨坦变得热闹起来，威廉还把大量受迫害的法国新教徒安置在这里。

事实证明，这些人移入波茨坦后，发挥了他们在故乡学到的知识和技能，为它的兴旺做出了显著贡献。

18世纪初，“军人国王”弗里德里希·威廉一世将波茨坦改为王家卫戍部队的驻地。他的儿子弗里德里希二世成为普鲁士国王后，认为波茨坦环境优雅，是一块风水宝地，决定把这里建成普鲁士的凡尔赛宫。

弗里德里希二世一生穷兵黩武，把烽烟燃遍欧洲大地，没有留下好名声。但是，他在波茨坦营造建筑的宫殿和庭院，历经沧桑变幻，却成为一处享有世界声誉的名胜。

宫殿和庭院组成的艺术体系

波茨坦现存的宫殿有桑苏西宫、采茨利霍夫宫、古里尼凯宫、沙尔劳腾霍夫宫及巴贝贝尔克宫；庭院则包括鲁斯特庭院、孔雀岛等。

位于波茨坦城西市郊的桑苏西宫，是波茨坦最大、最有名的宫殿。弗里德里希二世建立这座宫殿时，将宫名取自法文的“无忧”，显然意有所指。

桑苏西宫整个宫殿坐落在丘峦之上，是模仿凡尔赛宫建成的，但桑苏

波茨坦的宫殿

西宫并不是对凡尔赛宫的简单复制，它布局协调、结构精巧，其中糅进了弗里德里希二世的个人喜好。

桑苏西宫正前方的大喷泉是用圆形花瓣石雕组成，陪衬的 4 个圆形花坛分别代表着“火”“水”“土”“气”，古希腊哲学家认为世界万物由这四者组成。花坛内塑有爱神维纳斯和商神墨尔库厄等神像。

桑苏西宫的内部，是洛洛克风格的装饰。宫殿虽然只有一层，但采用了落地大窗，窗间的众多雕像显示出了宫廷的气派。

宫殿正中是用大理石建成的圆形穹顶大厅，大厅西翼有五间贵宾室；东翼是弗里德里希二世的会客室、琴室、卧室和书房。

大厅后面是晋见厅，内部多用壁画和明镜装饰，四壁镶金，光彩夺目；天花板上描绘着百花盛开、鲜果缀枝的乐园，极富浪漫色彩。

晋见厅之外的其他房间的墙壁和家具以淡绿、银白、紫罗兰、浅玫瑰等色装饰，色调瑰丽而典雅。

桑苏西宫的东侧画廊内，珍藏着 124 幅名画，其中大多为文艺复兴时期意大利、荷兰画坛大师的名作。

采茨利霍夫宫是波茨坦最后一座宫殿建筑，是德皇威廉二世赐给他儿子和儿媳采茨利霍夫的，并以儿媳的名字命名。

这座宫室四周林木葱郁，碧草如茵，其外观是赭墙红瓦，整体建筑由 176 间英国乡间别墅式样的厅室构成。

波茨坦的庭院

其中极具特色的是那一间贝厅，墙上和地上都满嵌着美丽的贝壳和绚丽夺目的宝石。

采茨利霍夫宫之所以世界闻名，因为在这里举办过波茨坦会议。宫殿的正面大厅，就是会议时英、美、苏 3 国签约的地方，至今仍保持着当初的模样：

大厅中央置一大圆桌，桌上插着 3 面精致的小国旗。绕桌分放 3 把大扶手椅，分别是斯大林、杜鲁门和丘吉尔的座椅。每把扶手椅之间放着 4 把靠背椅，是与会三国其他高级官员的位置。

厅的上部设有楼廊，供当时各国记者用作新闻厅；厅内的椅套、台布、地毯一色朱红，为大厅增添一层隆重悦目的色彩。

另外的古里尼凯宫、沙尔劳腾霍夫宫和巴贝贝尔克宫都是王子宫殿，它们是 1769 年国王修建的冬季行宫，宫内有 200 多个房间。

三座宫殿建筑风格各异：古里尼凯宫是罗马风格，沙尔劳腾霍夫宫是意大利古别墅风格，巴贝贝尔克宫是新哥特式风格。

孔雀岛位于哈弗尔河中，因为上面养了很多孔雀而得名。1795 年起，这里先后修建了具有罗马风格的宫殿以及玫瑰园和橡树林。

鲁斯特庭院则围绕着桑苏西宫而延伸开来，庭院内部有狩猎场、菜园和草坪。

残疾军人收养院新教堂

威严、庄重的残疾军人收养院新教堂，是一座古典主义宗教建筑，也是 17 世纪最完整的古典主义纪念物。在形式上，这是一座悼念为皇帝流血牺牲的军人的教堂，但其实是一座歌颂路易十四国王的建筑。

迎合国王而产生的建筑形式

17 世纪中叶是雄霸欧洲的法国专制君王“太阳王”路易十四当政时期。在建筑上，他特别喜好古罗马帝国建筑的宏大严谨、气势煊赫的风格，因此要求法国建造的建筑都要具有这种风格。

为了迎合君主的喜好，法兰西艺术学院的一批御用建筑师们，便扎到古罗马建筑典籍中，去寻找既能体现古罗马建筑的风格，又符合路易十四心意的建筑格式和规则。于是，提倡复古的一套“古典主义”建筑体系就此形成了，对后代建筑艺术产生了很大的影响。

1680 年到 1691 年，为了表彰“为君主流血牺牲的人”，建筑师阿·蒙萨特在法国巴黎市内，设计并建造了一座威严、庄重的残疾军人收养院新教堂。之所以叫新教堂，因为这是一座彻底按古典主义建筑原则建造的新的宗教建筑。

应该指出的是，从形式上来说，残疾军人收养院新教堂这座古典主义建筑代表作是悼念为皇帝流血牺牲的军人，但其实就是一座歌颂路易十四皇帝的宗教建筑。

古典主义建筑的代表作

残疾军人收养院新教堂是 17 世纪法国典型的古典主义建筑。它摒弃了仿罗马耶稣会教堂和仿哥特式教堂的陈习，而采用了正方形的希腊十字式平面，所以外形很紧凑、很完整。

这座建筑强调中轴线、主从关系对称，中央大厅作为建筑物的主要空

残疾军人收养院
新教堂

间，这也是古典主义建筑的外观特征。

新教堂的正立面朝南，从外面看教堂，最引人注意的是高耸的穹顶。穹顶由木骨架搭成，上面覆着铅板。穹顶的顶上冠以一个高高的顶塔，顶塔上是一支十字架。

穹顶下面是一个高高的鼓座，鼓座的周围是一圈完全按照柱式规则建造的爱奥尼柱式的双柱。

教堂内正中是一个中央大厅，大厅四角是 4 个大石墩子支撑着穹顶，每个大石墩子中央都有一个开口，每一个开口都可以通往中央大厅四角上的 4 个小礼拜室。

在这里，可以看出古典主义建筑的另一特征：强调柱式。

穹顶共有 3 层，最里面一层高 53.3 米。顶上正面有一个直径约 16 米的大圆洞。从圆洞望上去，可以看到内壁画满了画的第二层穹顶。这一层穹顶的底部开了许多窗子，光线从窗子里照射进来，使画面极为生动、逼真。

穹顶的下面是一个圆形的大理石池子，池子中央放着 18 世纪法国资产阶级革命的领袖拿破仑的棺材，给这座教堂增添了不少历史的色彩。

第六章

十八世纪建筑

宗教统治者中有许多人拥有豪华的宫殿，他们鼓励艺术。巴洛克画家直截了当地完成了自己的使命，巴洛克建筑则用简单强制的语言维护政治和宗教信条。洛可可艺术维护的是享乐的原则，无论他是在响应光荣的灵魂得救，还是对现实的感官冲动做出快乐的反应。

——《剑桥艺术史》

斯坦尼斯瓦夫广场

法国南锡的斯坦尼斯瓦夫广场，是世界上最精致的城市广场。广场虽曾遭到损坏，但有幸在日后又被修复，得以重现其辉煌。修复这座广场的人自豪地说：世界上没有什么东西能像斯坦尼斯瓦夫广场的镀金铁器那样，如此光辉灿烂！

傀儡皇帝为强者女婿而建

闻名于世的斯坦尼斯瓦夫广场位于法国东部洛林省的南锡市，被誉为世界上最精致的城市广场，它的精致美丽，正如人们所称赞的——“像威尼斯的圣马可广场那样美丽，像布鲁塞尔的大广场那样宽阔，像巴黎的协和广场那样经典”。

广场是以斯坦尼斯瓦夫一世的名字来命名的。斯坦尼斯瓦夫·莱什琴斯基(1677—1766）虽然是波兰国王，却是一个政治傀儡。1702年，瑞典国王查理十二率军入侵波兰，他强迫波兰贵族废黜奥古斯都二世，把斯坦尼斯瓦夫扶上了波兰国王的宝座。

后来，俄军打败瑞典国王查理十二，奥古斯都二世重新登上王位，斯坦尼斯瓦夫不得不定居法国。

1725年，法国路易十五国王娶了他的女儿玛丽·莱什琴斯基。因此，虽然奥古斯都三世后来继承了波兰王位，但斯坦尼斯瓦夫一世却被允许保留国王头衔，还将洛林和巴尔两省划为他的封邑。

斯坦尼斯瓦夫对洛林治理有方，当地经济很快走向繁荣，于是在1755年，他为了庆祝他的法国女婿路易十五的业绩，由建筑大师埃马纽埃尔·埃雷设计修建了这个广场。

在法国大革命时期，斯坦尼斯瓦夫广场上的建筑群曾几次遭到破坏。到了20世纪70年代，已是满目疮痍。南锡市和法国历史纪念馆办公室筹集资金，花费了8年时间，才重新修复了广场。

斯坦尼斯瓦夫广场

精雕细琢的杰作

斯坦尼斯瓦夫广场是一组和谐对称的建筑群，包括一座有古希腊科林斯式圆柱的市政厅大厦，一座巴洛克式的凯旋门，6个古典式的楼阁和喷泉。

水池中海神尼普顿的雕像是雕塑家巴泰勒米·吉巴尔的作品。在雕塑中，海神尼普顿手持三叉戟，威风凛凛。整个广场造型体现出了设计者埃马纽埃尔·埃雷高超的技艺，在典雅和谐中不失威武与雄健。

整个广场最引人注目的是花边状镀金铁制工艺品的装饰物，这些装饰物是由波兰王室铁匠让·拉穆尔倾注了毕生的心血精心制作的。

在花边状镀金铁制工艺品的点缀之下，银光闪闪的喷泉金珠四溢，建筑的平台乃至天窗、灯笼式屋檐则是华光溢彩、玲珑剔透。

在近代修复广场的过程中，恢复拉穆尔的花边状镀金铁制工艺品成为了最严峻的考验。一位铁匠花费了5年时间，深入研究了拉穆尔的回忆录和图纸，才掌握了这位大师的古代压花模具和技术。

这些用10吨生铁制成的约2万片闪亮的镀金铁器饰物，倾注了这位

斯坦尼斯瓦夫广场

铁匠和12位金属工的全部智慧，是他们汗水的结晶，饰物上的每一片叶、每一个小装饰都是一个精美绝伦的工艺品。

难怪工程完成之时，修复这座广场的人自豪地说：世界上就没有什么东西能像斯坦尼斯瓦夫广场的镀金铁器那样光辉灿烂！

奥科斯丁设计芬兰堡

芬兰堡建在赫尔辛基外海上的3个小岛上，是瑞典军官奥科斯丁的杰作。芬兰城堡是世界上不可多得的海上军事遗迹，里面还有教堂、军营、城门等名胜古迹，也是芬兰最重要的景点。

炮兵军官设计的军事城堡

芬兰堡位于赫尔辛基南面大黑岛、小黑岛和狼岛3个岛屿上，扼制着从芬兰湾进入赫尔辛基的海上要道，是古老的海防要塞。

1747年，当时芬兰属于瑞典国土的一部分，斯德哥尔摩国会决定要在赫尔辛基外的小岛上建造一座军事城堡，且命名为“瑞典堡”。

城堡的设计者是一位35岁的瑞典炮兵军官奥科斯丁，他出身于贵族家庭，有着良好的家庭背景。奥科斯丁设计城堡之初，先是想在靠近赫尔辛基附近的一系列岛屿上修建一圈链式连接的防御性城堡。

1772年奥科斯丁逝世时，链式防御城堡基本修建完成，但接下来的第二步工程却还没有正式施工。

直到18世纪末，俄罗斯彼得大帝亲自统率军队欲征伐瑞典统治下的芬兰，芬兰堡被作为俄罗斯舰队与瑞典海上军事力量作战的大本营及补给基地，其修建才最终圆满完成。1852年，还在城堡中修建了赫尔辛基大教堂。

1854年，俄国与英、法、奥斯曼帝国联军爆发了著名的“克里米亚战争”，芬兰堡遭到英法大军猛烈炮轰，后被联军占据。

后来，随着瑞典和俄罗斯帝国在军事力量上的此消彼长，1908年，驻守芬兰堡的瑞典军队被迫向俄罗斯投降。

1917年，俄国爆发了十月革命，客观上也导致了芬兰的独立。次年，芬兰人重新收回了这座城堡，并将其改名为芬兰堡，还派了军队进驻堡内。

由军事城堡变成博物馆

进入和平年代，芬兰堡已不再弥漫着战争的硝烟和血腥，后被芬兰政

芬兰堡

府改作博物馆，向人们诉说着芬兰的百年沧桑历史。

经过 1927 年、1976 年、1987 年的 3 次大修，宏伟的芬兰城堡占地面积 80 万平方米，其中保存有 8 千米的城墙，建筑则有城堡的标志国王门、赫尔辛基大教堂、陈列有 105 门大炮的炮台及军营遗址等。

国王门是芬兰堡的标志，门上用大理石板镌刻着奥科斯丁·厄伦施瓦德的一句格言：“后人们，要凭自己的实力站在这里，不要依靠外国人。”

赫尔辛基大教堂是堡内的重要建筑，结构精美，乳白色的外观，气宇非凡，堪称芬兰艺术史上的精华。

大教堂顶端的钟楼高出海平面 80 多米，装饰着淡绿色的圆拱，因此成了赫尔辛基的地标性建筑。

芬兰堡 1973 年被改为博物馆后，堡内辟有 10 间相当知名的博物馆，包括海岸炮台博物馆、威斯科潜艇博物馆和玩偶玩具博物馆等。

同时，芬兰堡也成为了一个时尚的聚会场所，城堡博物馆提供 3 种当地酿造的啤酒，味道纯正独特。

岛上的船坞内有一艘古老的帆船，体现出芬兰传统的建造技艺。

第七章

十九世纪建筑

在19世纪艺术生活中，雕塑有其特殊作用，其中具有现实的原因，又有美学的原因。新古典主义雕塑家会比画家哥哥更严格抄袭古典作品，因为，由于石头经久耐磨，许多原始作品得以流传下来。

——《剑桥艺术史》

博览会造就英国水晶宫

英国水晶宫被誉为19世纪的第一座新建筑，它主要由铁架和玻璃构成，晶莹剔透、宽阔轩敞，从根本上改变了人们对建筑的传统观念，使人耳目一新，叹为奇观，也从此揭开了现代建筑的序幕。

首届世博会的应急展览馆

英国水晶宫被誉为19世纪的第一座新建筑，是英国专门为1851年在伦敦举行的第一届世界工业产品博览会——万国博览会而设计建造的展览馆。

关于水晶宫，还有一段帕克斯顿临时救急的故事：

1850年，维多利亚女王和丈夫阿尔伯特公爵为了显示英国工业革命的成果，并推动科学技术的进步，决定在伦敦举行一次国际博览会。

博览会的会址早早就定在了海德公园，但展会大厅的设计方案却迟迟定不下来，筹委会非常着急，他们向世界各地的建筑师征集了200多个方案，却都不能令所有人满意，其中最重要的原因，是这些方案没有一个能够快速地将展会大厅建造出来。

这时，一位名叫帕克斯顿的人送来了一个设计方案，评委们看了都拍案称奇。这个方案不需要任何的砖瓦、木材，而是用生铁搭建出屋子的梁柱，再通体直接镶嵌上玻璃。

这不仅可以快速建成，而且还便于事后拆掉。

人们看了这个匪夷所思的方案后，大多数都摇头表示荒唐。但事实摆在眼前，这个方案恰是解决当前最棘手的时间问题的最佳方案。因此有人提出不妨一试，因为它的建造过程很是简单：只要先在工厂按尺寸加工建筑物所需的生铁骨架和玻璃，然后直接拉到工地上，再像搭积木一样组装起来就完工。

经过一番争议，最后因帕克斯顿的方案方便快捷的优点，征服了筹委会。于是，几家工厂共同制作，生产出了3300根铁柱子、2224根铁梁、

水晶宫外景

300000块玻璃板和330千米长的木条，完成了搭建房屋所需要的材料准备。

帕克斯顿在水晶宫的大铁梁上开了一些槽子，使滑轮车把一块块玻璃沿着槽道上上下下，轻捷地运送到装配工人手里。

这样一来，传统工程建设中的繁复工作一下子简化为了单纯地安装预制件，使工期大大缩短——只用了8个月，它就奇迹般地全部完工了。

1851年5月1日，第一届伦敦世界博览会终于如期在“水晶宫”开幕！共有来自世界各地的600多万参观者惊奇地欣赏了水晶宫那广阔透明的空间，其璀璨新奇的艺术效果轰动一时。

随后欧洲相继举办的博览会，为了解决陈列和采光问题，几乎无一例外地都采用这种铁架玻璃结构。

第一座铁架琉璃结构的超大型建筑

水晶宫是一个阶梯状的长方形建筑，长563米，宽124.4米，高20.13米，建筑面积7万多平方米，造型简单，大气磅礴，是当时世界上最大的单房建筑；整个建筑简洁利落，通体透明，宽敞明亮，在阳光的照耀下显得晶莹多彩，所以后来人们就把这个展览大厅称为“水晶宫”。

水晶宫不曾使用一砖一石，全部由玻璃和铁制成。它的外面，由一系列细长的铁杆支撑起来的网状构架和玻璃墙面组成，顶部是一个垂直的曲面拱顶，下面有一个高大的中央通廊。共用去铁柱3300根，铁梁2300根，

水晶宫内部

玻璃 9.3 万平方米，是历史上第一次由钢铁、玻璃为材料的超大型建筑。

展览会结束后，水晶宫被拆开，材料被运到伦敦南部肯特郡塞登哈姆的一座精致的园林中，进行了重新组装，后来成为各种演出、展览会、音乐会等娱乐活动的举办场所。

水晶宫诞生的年代，人们的建筑观念还停留在古典的希腊立柱、哥特式拱形等传统模式上，因此在许多人眼中，水晶宫是一个不伦不类的怪物。

同时，人们认为它基础不牢固，没有挡风措施，梁柱构架缺乏刚性，从形式上和所谓工程测试方法上都预言水晶宫过不了多久就会倒塌。

水晶宫不幸被言中毁坏，但并非是因基础不牢而倒塌，而是毁于 1936 年 11 月 30 日晚的一场大火。今天，人们只能从照片和图画中凭吊它的风采了。

英国水晶宫的建造在建筑史上具有划时代的意义。这座原本是为世博会展品提供展示的一个场馆，却成了第一届世博会中最成功的作品和展品，它也因此而成为世博会的标志。

同时，19 世纪以来钢材、砼等新材料的运用，使得有关建筑的所有想法都似乎成为可能；新技术拓展的空间使这个时代的建筑师重新去认识建筑本身的内涵，开辟了建筑形式新纪元。

折中主义建筑产生巴黎歌剧院

巴黎歌剧院是拿破仑三世时期的折中主义建筑，它将古希腊罗马式柱廊、巴洛克等几种建筑形式完美地结合在一起，规模宏大，精美细致，金碧辉煌，被誉为是一座绘画、大理石和金饰交相辉映的建筑精品。

供上流社会享乐的文化建筑

1861年修建的巴黎歌剧院，全名为巴黎加尼叶歌剧院，是以其建筑师查尔斯·加尼叶的姓氏命名的。

早在17世纪时，意大利歌剧称霸欧洲歌剧舞台，欧洲各国的作曲家就致力于发展本国的歌剧艺术，与意大利歌剧抗衡。当时法国汲取了意大利歌剧的经验，创造出具有本国特点的歌剧艺术，也促使法国建立自己的歌剧院。

1667年，路易十四国王批准，由佩兰、康贝尔和戴苏德克于1671年建造了法国第一座歌剧院“皇家歌剧院”，可惜该剧院1763年毁于大火中。

1860年12月，拿破仑三世统治法国时期法国艺术部终于决定，在原皇家歌剧院旧址修建一座供新兴的资产阶级贵族和上流社会的伯爵、小姐享乐的文化建筑。

巴黎歌剧院的修建，由于1870年的普法战争和第四次革命曾一度停工，但一直没有浇灭建设者的热情，1875年终于完工并正式启用，成为欧洲修建规模最大、设计最周到、室内装修最豪华的歌剧院，也是世界上最大的抒情剧场。

折中主义的建筑风格

巴黎歌剧院的设计者查尔斯·加尼叶是一个折中主义的狂热崇拜者。因此，巴黎歌剧院也是一个著名的折中主义建筑代表作。

歌剧院的正面，是一排宏伟的柱廊，观众可以经过两侧的入口进入剧

巴黎歌剧院内景

院的门厅及门厅后的楼梯厅，门厅和楼梯厅是整个剧院中装饰得最富丽、最豪华的地方。

歌剧院的中央和两侧都有大楼梯，两侧的大楼梯可通往各层包厢，中央的大楼梯可通向一个马蹄形的观众厅。

这种设计在当时是一个伟大的创举，不论是从室内音响效果还是从视线条件上来说，这种马蹄形都是歌剧院最好的一种平面形状，对后来的剧院建筑起到了很好的示范作用。

观众厅的池座部分宽 20 米，深 28.5 米，池座的地面带有坡度，越到后面越高。池座加上 3 面 4 层重叠的包厢，一共可以容纳 2150 名观众。

歌剧院宽 32 米、深 27 米的舞台显得非常宽敞，台面比观众厅高出 0.95 米。后台有许多演员用的化妆室。楼梯厅的后面、观众厅池座的下面，则有圆形大厅、休息厅和一些休息廊，这种空间安排是为上层人物设计的，让他们能在歌剧幕间休息时进行社交活动。

歌剧院的室内室外装饰是一种既有古典精神，又有世俗风格，充满活力的繁琐装饰。例如，它的立面装饰既有极其繁琐的“洛可可”卷曲草叶花纹装饰，也有意大利古典建筑风格的柱列和雕像。这种折中主义风格，恰好体现了上层人士的身份财富和对享乐的追求。

历经千辛的自由女神像

自由女神像矗立在纽约的哈德逊河。女神头戴光芒四射的冠冕，双唇紧闭，象征着世界七大洲及四大洋的七道尖芒。她身着罗马古代长袍，左手紧紧抱着一部书板，上面刻着《独立宣言》发表的日期“1776.7.4”字样，右手高擎长达 12 米的火炬。

雕塑者巴托尔迪

自由女神像的雕塑者名叫弗雷德里克·巴托尔迪。巴托尔迪 1834 年出生在法国的一个意大利人家庭。1851 年，路易·波拿巴发动政变，推翻了第二共和国，面对坚固的防御工事，一个年轻姑娘手持熊熊燃烧的火炬，跃过障碍物，高呼“前进”的口号向敌人冲去，但不幸，姑娘倒在了血泊中。巴托尔迪亲眼看见了这一过程，这之后，这位高攀火炬的勇敢姑娘就成为他心中自由的象征。

1865 年，由法国人民捐款，巴托尔迪决定塑造一座象征自由的塑像，以作为法国政府送给美国政府的礼物，庆祝美国独立 100 周年。有趣的是，巴托尔迪接受任务后没多久，他与一个名叫让娜的姑娘邂逅，巴托尔迪认为让娜长得美丽端庄，仪态万方，让她来为“照亮全球的”自由的神像雕塑做模特十分相称，让娜答应了。在雕塑过程中，这对男女产生了爱情，最终结为夫妇。

1869 年，巴托尔迪设计完成自由神像的草图，便开始全心全意地投入雕塑工作。这里面还有一个小插曲，巴托尔迪曾去美国争取美国人支持他的塑像计划，但应者甚少。

获得美国人接受

1876 年，巴托尔迪终于让自由女神像获得了美国人的认可。当时他正在参加在费城举行的庆祝独立 100 周年博览会，他把自由女神执火炬的

自由女神像位于贝德罗岛

手在博览会上展出，引起了一场轰动。这只手很大，仅食指就直径 1 米多，长达 2.44 米，指甲厚 25 厘米，甚至在火炬的边沿上可以站 12 个人。几天前还鲜为人知的雕塑品经过这场展出，顿时身价百倍，成为美国人人渴望的艺术珍品。不久，美国国会便顺应民意，顺利通过决议，正式批准接受自由女神像的请求，贝德罗岛（后改名自由岛）也被确定为安放女神像的地点。

一家公共福利基金会筹集了 15 万美元，用于安放自由女神像。他们想用这笔钱在曼哈顿对岸的贝德罗岛上建好塑像的基座。但遗憾的是，这些钱远远不够。如果没有别的捐款，这个工程可能就要停顿。

普利策，这位拥有纽约《世界报》的报业大亨，出于对自由的崇敬，同时也为了商业目的扩大报纸的影响，他在报纸上发动了一场声势浩大的为建造自由女神像基座募捐的运动。

普利策的舆论攻势效果明显，《世界报》计划为塑像筹集 10 万美元，然而在 4 个月内，他们就筹集了 7.5 万美元，先后有 12 万美国民众参加了这次募捐，表达对自由女神这一伟大形象的敬慕。这些人捐款的数目，从 5 分钱到 250 美元数目不等。雷维斯曾有这样的描述：“一个报纸竟然带动了一个民族的热情，这真是奇迹……每天我都能看到募捐运动中感人的新事。”

女神像落成

1885 年 6 月，自由女神像的雕塑完成。法国运输船“叶塞莱”号运载着 210 箱自由女神塑像主件抵达美国。这时候，《世界报》已为自由女神像筹集资金 10.109 万美元。

资金的充裕，保证了塑像的安装得以顺利进行。75 名工人参与自由女神像的安装。组装工作用了半年时间，仅铆钉就用了 30 万个。如此高大沉重的女神，还要经得起强劲的海风，不安装稳固是不行的。法国著名建筑师埃菲尔设计女神像的支承钢架系统，内部分为 22 层，电梯可达铜像脚底的第 1 层。往上是由 171 级踏步组成的螺旋梯，爬上楼梯可到达铜像头顶的额部瞭望室。通过窗孔，能够尽情饱览美丽壮阔的曼哈顿岛景色。

1886 年 10 月中旬，自由女神像的安装工程终于全部完工，美国总统亲自参加自由女神像揭幕典礼并发表了讲话。无数美国民众怀着激动的心情，簇拥在神像周围，企首仰望着自由女神像第一次露出她庄严的面容。

自由女神像重量为 225 吨，由三部分组成，分别是 19.8 米高的底基、27.1 米高的底座及 46.05 米高的铜像。

美国女诗人埃玛·娜莎罗其的那首脍炙人口的诗镌刻在花岗岩构筑的神像基座上：欢迎你的到来，那熙熙攘攘的被遗弃了的人们，那些疲乏了的和贫困的、渴望自由呼吸的大众，那些无家可归的饱受颠沛的人们，我手举着自由的灯火来迎接你们！

自由女神像内部旋梯

高迪建造神圣家族教堂

建筑大师高迪是个天才，他用巧夺天工的建筑为巴塞罗那涂上了一抹神秘奇异的色彩。看过神圣家族教堂，你就等于欣赏到了欧洲所有风格的教堂，因为它是博采众长的经典之作，既有哥特式的宏大壮美，又有异域的特别风味。

高迪呕心沥血之作

神圣家族教堂位于西班牙加泰罗尼亚地区的巴塞罗那市区中心，高耸云端，俯瞰大地，是西班牙巴塞罗那标志性建筑。该教堂始建于 1882 年，但仍没有完工，目前还在修建中，有关部门预计到 2050 年能够竣工。神圣家族教堂尽管还是一座未完工的建筑，却是世界上最引人注目的景观之一。它造型奇特，被称为未完成的纪念碑。教堂幽深的尖顶、高耸的石柱，使人联想到童话王国，有着惊心动魄的魔力，威严中不乏诙谐，庄严中带有轻松。

西班牙现代派建筑大师安东尼奥·高迪设计了神圣家族教堂。高迪经常将传统与现代融为一体，创造出奇幻怪异、不同凡响的另类建筑风格，并因此成为西班牙最有名的建筑师，在世界建筑史上也极负盛名。

高迪因沉迷创作而终身未婚，将毕生都倾注于神圣家族教堂。他为了全心专注于神圣家族教堂的建设，还推掉了许多赚钱的工程。为了筹钱兴建神圣家族教堂，这位天才建筑师曾当街乞讨。高迪生前清贫，死后却留下了价值连城的文化财富。高迪自接手设计神圣教堂后，一直潜心研究，力求建造出最完美的教堂。神圣家族教堂历时 42 年仍未最终完成。

这个教堂自 1884 年开始动工，直到 1926 年高迪不幸遭遇车祸离世，教堂也没有完工。但这座教堂如此宏大壮美，如此精雕细琢，如此令人震撼，有着无与伦比的艺术魅力和惊心动魄的冲击力，已成为巴塞罗那乃至西班牙最重要的保护文物。

神圣家族教堂一开始并不由高迪设计，而是由巴塞罗那另一位建筑师

神圣家族教堂外景

负责设计，这位设计师水平有限，他的设计以传统的直线条为主。高迪接手教堂时，工程已建到了一定的规模。高迪认为直线属于急切、浮躁的人类，便从大门口的轮廓线起，全部改用曲线。他认为，曲线这种最自然的形态才属于上帝。高迪建造神圣家族教堂，花费的时间十分漫长，因为这座教堂以手工艺的方式精心打造。神圣教堂展现了西班牙本土风格，并融合了基督教风格与阿拉伯的色彩。

据说高迪接手教堂工程后，脑海里对此建筑的构想没有定稿，开工以来，他边设计边施工，逐步完善他的创造性的构想。按照高迪的计划，教堂要建造 3 个门、18 个竹笋状尖塔，到 1926 年高迪去世时，教堂只完成了 3 个圣殿正门中的一个基督诞生门和 8 个尖塔。

一个多世纪尚未完工

高迪逝世后，西班牙又爆发了内战，该工程便再无人问津。直到西班牙内战结束，就神圣家族教堂是否续建的问题，西班牙的建筑学界和天主教会展开了一场大辩论。最后通过投票表决，神圣家族教堂得以续建，建

神圣家族教堂内景

造工程延续至今，始终未完工。其原因除建筑设计复杂之外，资金匮乏也是一个因素。

高迪在生前一直追慕欧洲中世纪哥特式建筑的宏大风采，所以在这座教堂里他也保留了哥特式的长窗和钟塔，但高迪灵活创新，运用弧形来平衡、舒缓哥特式的严谨与刻板，钟塔的造型类似于旋转的抛物线，这样的结构也是极富创造性的，可以使钟塔看起来无限向上，形成类似哥特式却更凸显的视觉效果。

高迪还特别关注细部的处理，在角落地带，处处都有神来之笔，散布于建筑的每个角落的是他精心设计的各种植物、动物的浮雕以及人物雕像。

大教堂的外墙上雕刻着浮雕，浮雕的内容讲述的都是《圣经》里关于耶稣诞生、受难及升天的故事。每个雕塑都是高迪的心血。“圣诞门”后面就是死难之门，该门是后人在高迪去世后续建的，使用的是典型的抽象派手法。

进入教堂的内部，处处充满了隐喻和象征，里面的窗户代表着各教派的创始人，柱子代表着拉美各大主教。教堂里装饰着各式动物、植物的雕塑，呈现出欢快而神秘的天国气氛。

这座大教堂怪异神奇，如那凹形的门洞、蚂蚁蛀空般的塔身及其他间隙的设计，充满了神秘的氛围。教堂闪烁的圆玻璃窗，也像鬼怪的眼睛，让人心惊胆战。走进教堂大门，仿佛走进了童话王国里的魔宫。

高迪满脑子奇思妙想，是个天才，用他匪夷所思和巧夺天工的建筑为巴塞罗那抹上了神秘奇异的色彩。

埃菲尔铁塔是建筑史上的创举

埃菲尔铁塔是世界上第一座钢铁结构的高塔，是世界建筑史上的一个创举。它代表着建筑新美学的兴起。它以空前的高度、昂扬挺拔的气势和全然不同于欧洲传统石头建筑的新颖形象横空出世。100 多年来，埃菲尔铁塔已经成为法国的骄傲。

奇特的高空艺术造型

1884年，法国政府决定在巴黎市中心修建一座建筑物作为永久性纪念，以迎接世界博览会在巴黎的举行和纪念法国大革命 100 周年庆典。法国建筑师埃菲尔的 300 米高的镂空铁塔方案经过反复评选，最终通过。

埃菲尔铁塔造型奇特，底部宽大，占地面积约为 10000 平方米，跨度达 2790 平方米，整体呈一个巨大的 A 字。铁塔底部有 4 个用钢筋水泥灌注的塔墩，用来支撑整个塔身。这是我们今天耳熟能详的钢筋混凝土结构第一次用在现代建筑上。埃菲尔铁塔的塔身全部是由钢铁构成，在距离地面 276 米处突然急剧收拢，向上延伸，直指苍穹。铁塔是用 250 万个铆钉将 1.8 万个精密度达到 1/10 毫米的部件连接，工艺复杂精细。

铁塔一共分为三层，第一层高 57 米，有用钢筋混凝土修建的 4 座大拱门，第二层高 115 米，第三层高 174 米。每层都有一个平台，在上面可以远眺巴黎美景，各层之间有一道铁梯互通。

埃菲尔铁塔在施工时遇到了一系列高空作业带来的困难险阻。但埃菲尔的工程设计十分精准，成功避免了许多问题。工人在组装部件时，钻孔都能准确地合上，无须另外钻新孔。所以，埃菲尔铁塔在两年的工程施工中，从未发生任何伤亡事故，堪称奇迹。

不断在完善

埃菲尔铁塔建成以后，因其高大，用途非常广泛。它是法国的气象台

夜幕下的埃菲尔铁塔

和电视台的发射塔。它还是一座商业大楼，内部设有饭店、酒吧间和杂货铺。塔内具有照明设备，静谧的晚上，埃菲尔铁塔灯火通明，景色十分秀丽；塔前装有的喷水池，经彩灯照射，在夜间会喷出七彩斑斓的水柱。

1980年，为了长期使用和观赏埃菲尔铁塔，法国政府对该塔进行了一次自建成以来最大规模的改造。在这次改造中，将埃菲尔铁塔第二层混凝土平台改建成为钢板平台，减轻了1340吨的重量。二层又开设了一个大众啤酒馆，还特意建造了一个以铁塔的设计师命名的接待厅，用来组织学术会议和招待会。此外，为契合时代发展又开辟了一个现代化的视听博物馆，用来展示有关铁塔历史及建筑特色的影片与节目。

埃菲尔铁塔是世界上第一座钢铁结构的高塔，它以空前的高度、昂扬挺拔的气势和全然不同于欧洲传统石头建筑的新颖形象横空出世。远远望去，它是那样轻捷，又是那样辉煌，其建筑艺术令世人称颂。它是铁器文明的象征。

第八章
二十世纪建筑

20世纪的探索已打破了许多限制，新的思想加上由此而来的新技巧和新材料，已经在一切艺术中引起新的表达方式，让我们重新观察自己、重新观察世界。我们在表达自我中记录了自我，确定了我们的认同。作为个人，我们一直在表达自我，用那些过去的、周围的、存在于我们集体中的东西，也用使这种表达形象化的人类智慧。

——《剑桥艺术史》

鲍豪斯学院是建筑史的里程碑

“一战”结束后，欧洲处在经济复苏阶段，随着社会节奏的加快，人们抛弃了精雕细刻，耗时费力的古典建筑形式。众多建筑家心中所想的，是建筑如何同迅速发展的科学技术相适应。德国建筑师格罗皮乌斯设计并督造的鲍豪斯学院，交出了一份令人满意的答卷。

全新的建筑理念

1918年，“一战”结束了，欧洲各国大力发展经济，慢慢地恢复了元气。美国在“一战”中没有受到战争创伤，经济实力异常雄厚。美国在战后初期，许多建筑式样仍然是按照古典风格建造的。可是，随着社会的发展，对建筑物的要求越来越复杂，建筑物的体积也变得越来越大，建筑技术也有了日新月异的变化，这时候新建的建筑，再套用古典建筑的式样，就显得越

鲍豪斯学院外景

来越困难了。尤其对处在经济复苏阶段的欧洲来说，精雕细刻，耗时费力费财的古典建筑形式已经无法适应当时社会发展的节奏了。

当时众多建筑家心中所想的问题，就是如何把迅速发展的科学技术应用到建筑上，以满足建筑使用者越来越复杂的要求。当时，欧洲有一大批青年建筑师，他们思想敏锐，具有一定的实践经验，敢想敢干，提出了比较系统而彻底的建筑改革主张。德国著名建筑师格罗皮乌斯就是他们中的一位，他设计的鲍豪斯学院，是现代建筑发展史上的一座重要的里程碑。

格罗皮乌斯认为，建筑不应当在形式上追求传统的风格特征，应当与时俱进，根据所处时代的经济、技术条件，创造出属于时代的建筑形式。格罗皮乌斯尤其认为建筑的美不是永恒的，他反对复古主义思潮，认为单纯地仿古必然没有出路；他还认为建筑是随着思想和技术的进步而改变的。鲍豪斯学院则是他的这种建筑理论的具体体现。

简洁清新的设计

鲍豪斯学院是一所建筑和工艺美术学校，建筑面积约 10000 平方米，坐落在德国的德骚市。它 1925 年初开始设计，1925 年秋季动工，1926 年底建成。

按使用要求各不相同，鲍豪斯学院的校舍可分为教室、车间、办公室、礼堂、食堂和学生宿舍等。格罗皮乌斯按照使用性质的不同，将这些校舍组合成三个部分。第一部分是教学楼，这是个四层高的建筑物。第二部分是生活用房，包括学生宿舍、食堂、礼堂、厨房和锅炉房等，学生宿舍位于一个 6 层高的小楼房里面，在教学楼的后面。单层的食堂、厨房、礼堂位于宿舍和教学楼之间，方便学生住宿用餐。第三部分是附属在学院中的一所职业学校，这是个四层楼房，它与教学楼中间隔着一条道路，相距 20 多米。整个校舍的平面就像是一个风车。除了教学部分是框架结构，其他部分都是用砖墙承受重量的砖石结构。

鲍豪斯学院的建筑设计比起古典式样的建筑来，具有独特的特点。

首先，鲍豪斯学院是不对称的。按照古典式建筑的理论，像学校这一类古典式建筑的体型，一般都是左右对称的。

鲍豪斯学院长廊

其次，鲍豪斯学院是把建筑各部分的使用要求作为设计的依据，来确定各部分建筑的位置和它的体型。古典式建筑设计的主要依据是建筑的外观体型，其设计方法通常是建筑师先设想好建筑的外观体型，再把各种房间分配到这个建筑体型里面，这种做法就显得呆板。

最后，鲍豪斯学院的外在美感的取得，靠的是建筑本身的各种部件的组合和建筑材料本身的色彩和质地感觉，不像古典建筑那样依靠雕刻、柱廊和装饰性的花纹线脚来形成建筑美。

现代建筑的创始人

鲍豪斯学院创造了一种全新的建筑形象，以很低的造价解决了比较复杂的使用要求。这证明了一种说法，那就是建筑师必须彻底挣脱传统的条条框框的束缚，才能有所创造。格罗皮乌斯找到了一种多快好省的设计思想和方法，因为古典建筑的设计思想和方法已经完全不能适应需要了。

鲍豪斯学院受到当时的革新派的拥护和保守派的攻击，引起了广泛的注意和争论。此后不断新建起来的建筑，证明了格罗皮乌斯建筑理论的正确性。格罗皮乌斯也成为一位无可非议的现代建筑的创始人。今天，格罗皮乌斯的设计思想已经在我们的建筑设计中树立了牢固的地位。

流水别墅使自然融为一体

流水别墅是现代建筑经典中的经典，在联合国教科文组织统计的百年世界著名建筑中，流水别墅名列榜首。它的最奇妙之处在于它的大部分竟然是空悬在瀑布之上的。与一般别墅不同，流水别墅就如同岩石般生长在溪流之上。

从理论到现实

1934 年，德裔富商考夫曼在宾夕法尼亚州匹兹堡市东南郊的熊跑溪买下一片地产。那里远离公路，高崖林立，草木繁盛，溪流潺潺。考夫曼把著名建筑师赖特请来考察，请他设计一座周末别墅。赖特凭借特有的职业敏感，知道自己最难得的机遇到来了。他说熊跑溪的基址给他留下了难忘的印象，尤其是那条涓涓溪水。他要把别墅与流水的音乐感结合起来，并急切地索要一份标有每一块大石头和直径 6 英寸以上树木的地形图。

考夫曼在第二年 3 月就把赖特需要的图纸送来了，但直到 8 月，赖特仍在冥思苦想，在耐心地等待灵感到来的那一瞬间。终于，在 9 月的一天，赖特急速地在地形图上勾画了第一张草图，别墅已经在赖特脑中孕育而生。

赖特自小生活在农村，所以他对养育自己的农村和多姿多彩的大自然有着深厚的感情。赖特认为自然界是有机的，建筑师应该从自然中得到启示。随着自己建筑实践的增加和建筑思想的逐步成熟，他提出了“有机建筑”理论，认为“有机建筑”就是“自然建筑”，房屋应当像植物一样，是“地面上一个基本的和谐的要素，从地上迎着太阳生长出来”。

考夫曼见到赖特的方案后，震惊了，他敬佩赖特的大胆，在思索之后，认可了这个方案，并且让赖特马上设计出施工图。赖特高兴极了，立即认真地进行设计。

三年之后，在赖特的努力下，一幢强调瀑布特征与周围环境相和谐的建筑出现了。起居室有三分之一是从溪流之上悬臂挑出。住宅总面积有 700 余平方米，但阳台、平台却占了 300 余平方米。这幢别墅确实是从里

流水别墅与自然融为一体

到外都渗透着“有机建筑”理论的“经典著作”。

流水别墅的外部设计，不受室内空间的限制。流水别墅的第一层平台向左右延伸，第二层平台则从上面悬臂向前挑出，居于一层平台之上。这种无拘束的延伸让别墅的线条产生了动感。

别墅的内部，有一个核心，那就是有着壁炉的起居室。整个壁炉如同从山岩上长出来一般。壁炉四周的毛石块围墙又与这石块有机地相连，这就大大增加了室内的自然情趣。

起居室有三部楼梯与上下相连，下一层是悦耳动听的溪流及一平如镜转而又急速跌落的瀑布，上两层是卧室、客房、浴室。卧室斜对面的书房则安装了轻、透的大片玻璃，与山林联系近在咫尺。

纯粹是件艺术品

赖特的“有机建筑”理论在钢筋混凝土等新建筑技术的作用下，获得极大的发展。流水别墅外立面上那两垛垂直线条的毛石墙承受着所有的“流动”平台、阳台和水平的悬挑构件，这种承重能力，只有使用新的建筑技术才能达到。

赖特对住宅建筑的研究和贡献是伟大的。自这幢房屋建造近50年来，建筑史学家讨论住宅建筑时，言必称流水别墅。赖特后来又建造了很多住宅建筑，在赖特手中，小住宅和别墅这些历史悠久的建筑类型变得愈加丰富多样。

流水别墅建成之后即名扬四海。1963 年，赖特去世后的第四年，埃德加·考夫曼决定将别墅献给当地政府，永远供人参观。交接仪式上，考夫曼的致辞是对赖特这一杰作的感人的总结。他说："流水别墅的美依然像它所配合的自然那样新鲜，它曾是一所绝妙的栖身之处，但又不仅如此，它是一件艺术品，超越了一般含义，住宅和基地在一起构成了一个人类所希望的与自然结合、对等和融合的形象。这是一件人类为自身所作的作品，不是一个人为另一个人所作的，由于这样一种强烈的含义，它是一笔公众的财富，而不是私人拥有的珍品。"

在联合国教科文组织统计的百年世界名建筑中流水别墅名列首位，为现代建筑的经典。其设计师赖特是举世公认的 20 世纪伟大的建筑师，曾被誉为是 20 世纪的米开朗基罗。

流水别墅内景

古根海姆博物馆是奇迹

古根海姆博物馆是欧洲最重要的艺术博物馆之一。博物馆一建成就被赞誉为“一个奇迹”“世界上最美丽的博物馆”。古根海姆博物馆的创新形式对以后的建筑形式也有不小的影响。

受到老子影响

有人考证，赖特的“有机建筑”理论和中国古代哲学家老子的论述有关。关于这个说法，还有一个例证：在美国亚利桑那州菲尼克斯城外的沙漠中，有一座赖特设计的大型别墅的墙壁上就用英文刻着老子《道德经》中的一句话，意思是，房子的实体是它内部居住空间，而不是它的屋顶、它的墙。而赖特也认为建筑本质绝不是墙、屋顶、柱子和装饰等，是供居住、使用的空间。

赖特早年来过中国，酷爱老子著作，收藏了反映东方文化的雕塑绘画作品。赖特提出的“有机建筑”理论，确实受到老子的影响。那么古根海姆博物馆是否就是受老子的“空间”理论影响而设计的呢？这无法得知，但是，在建筑空间运用上，古根海姆博物馆是赖特的一个十分成熟的作品。

古根海姆博物馆的业主是美国的一位冶炼业的百万富翁，名叫古根海姆，这是一座形状古怪的博物馆，主要用于私人收藏艺术作品。古根海姆博物馆坐落在美国最大的城市——纽约市豪华的第五街上。

1943 年，古根海姆委托赖特在这块长 50 米、宽 70 米的不大的土地上建造一座让纽约人能常常记住他名字的博物馆。

赖特多年来一直在探索一种建筑空间，当人进入这个建筑空间，在前后、左右和上下三个方向上都能体验到空间的有机联系。赖特认为，如果人处在一个极大的螺蛳壳当中，就会有上述的体验。因此他曾经在旧金山为其他业主设计过一个螺旋形空间的商店和一个螺旋形的汽车库。这次他面对古根海姆的委托，又一次提出建造螺旋形博物馆的设想。他告诉古根海姆，应当让人在参观展览时，不应当被各个房间之间和各层之间的间断所干扰、所打断，让人持续处在展品的特定环境气氛中。

一层流入另一层

于是，赖特把整座博物馆设计为一大一小两个部分，小的部分是行政办公部分，有四层高；大的部分是个六层高的陈列大厅，地下室是个演讲厅；两部分在底层由一个入口敞廊联系在一起。

陈列厅是个螺旋形的圆筒，约有 30 米高，周围是以 3% 的坡度逐渐盘旋而上的层层挑台。穿过入口敞廊，经过右边的一个小圆形门厅就进入了这个螺旋圆筒的中间。圆筒从下到上，随着螺旋慢慢上升。底层外围直径 30 米，外围直径越来越大，到顶层外围直径有 38.5 米。坡道本身的宽度在底层只有 5 米宽，到顶层时则有 10 米宽。参观的人可以从下向上参观，到顶层后乘电梯下去，离开博物馆，也可以先乘电梯一直到顶层，随后顺着螺旋坡道边看展品边向下走。整个螺旋坡道总长 431 米，可以同时容纳 1500 人参观展览。

整个螺旋圆筒几乎没有外窗，只有正中顶部是一个由 12 根钢筋混凝

古根海姆博物馆外景

古根海姆博物馆内景

土柱子斜撑着的巨大玻璃穹顶。这些柱子组成了玻璃穹顶的框子，光线通过这个玻璃穹顶照亮了大厅。

螺旋坡道的外墙上方有一排条形的高窗，依靠从那里透进来的光线，可以照亮陈列的展品。整个陈列大厅给人以简洁、流畅的印象。

赖特对他的设计很得意，因为从大厅的任何地方都可以看到其他各层人的活动，颇有趣味。赖特说："在这里，建筑第一次表现为可塑性的。传统建筑的那种呆板的楼层重叠被一层流入了另一层的形式所代替。"

古根海姆博物馆的创新形式对以后的建筑形式也有不小的影响，现代化旅馆的中庭共享空间的设计也可以说就是从这栋建筑开始。另外，有些国家也仿照这栋建筑，建造了一些连续式空间的展览建筑物。

这样的建筑设计虽新奇，但也有一些弊端。例如，参观者由于廊宽度的局限，不能从各个不同的角度对展品进行鉴赏。螺旋形长廊式的陈列面积对布置展品来说，显得很不灵活。而且人又总是站在斜坡之上，感觉不大舒服。

这座建筑物在建造过程中也历经种种磨难，直到1959年10月才落成。人们认为，这是一座有名的建筑，但不是一座成功的建筑。

联合国总部大厦

联合国总部大厦，这是世界各国代表云集，纵论世界大事的地点。联合国总部大厦是由美国建筑师哈里逊设计的，由四部分组成，即秘书处办公大楼、大会堂、会议楼和图书馆。

入选方案的争端

联合国总部大厦位于美国纽约曼哈顿东区第42街和第48街中间，东边是东河，西边是广场。它占地共7.3公顷。由联合国第一任秘书长指派美国建筑师哈里逊为总设计师，参与设计的还有由10个国家的设计顾问组成的国际委员会。

说起设计联合国总部大厦，还有过这样一段故事：国际联盟总部1927年在瑞士日内瓦湖畔举行国际联盟总部建筑设计方案征集，勒·柯布西埃参加了征集，他是现代建筑的激进分子，对这次征集志在必得。

国际联盟总部要求各设计师的设计稿必须包括理事会、秘书处、办公和会议大楼、大会堂及一座附属图书馆等建筑。但勒·柯布西埃却不按照这个要求，独辟蹊径，比如他在设计稿里将议事的大会堂放在最重要的位置，将其他部分机构分配在大会堂的一侧的一座高7层的楼房中。这样就形成一组非对称的建筑群。

柯布西埃的方案最终入选，同时入选的还有4个方案。虽然霍特从中多方斡旋，但最终柯布西埃这位革新者还是敌不过保守派，国联总部融合4人综合方案，拼凑成一个所谓新古典式样。勒·柯布西埃因此大为恼火，他上诉法院，要求裁判，但法院不予受理。

时光流逝20年，1947年，柯布西埃作为法国公民，再次参加新的联合国总部大厦设计。这回，他更加雄心勃勃了。他和助手接连奋斗5个月，拿出一个崭新的方案，这个方案体现了20年前国联总部方案精神。但不幸的是，联合国总部秘书长却采用了柯布西埃的竞争对手美国建筑师哈里逊的方案。

联合国总部大厦

建筑构成

联合国总部大厦由秘书处办公大楼、大会堂、会议楼和图书馆四个主要部分组成。

秘书处办公大楼属早期的板式高层建筑之一，高 39 层，装有铝框格暗绿色吸热玻璃幕墙，看上去晶莹剔透。

大会堂有着悬索结构的屋顶和内凹的曲面形墙面，因为是供联合国各国代表一年一度开联合国大会的地方，一切得从有利于音响出发。会议厅上空还覆以穹顶，开会时有很好的声音效果。

会议大楼采用的框架结构共五层，主要是供各理事会会议之用。从远处看来，它很像秘书处办公大楼的底座。室内的一切陈设、家具等均为挪威、瑞典和丹麦捐赠。

图书馆位于西南角，又叫达格·哈马舍尔德图书馆，内藏 40 万册书。它实际上是个情报和资料图书中心，供各国代表团和秘书处人员使用。

联合国广场是个供各国代表休息以及举行各种仪式的公共中心，位于联合国总部大厦的西边，广场上迎风飘扬的各色旗帜成为广场一景。联合国有 6 个主要机构设在此。广场上还有一座异常著名的雕塑《让我们把兵器打成耕犁》。

马赛公寓创新大胆

勒·柯布西埃设计建筑时十分大胆，这种大胆的具体表现就是一往无前的创新精神和探索精神。他在设计马赛公寓时，把一些绘画和雕塑的艺术法则运用到了建筑中。

柯布西埃的试验

1947年，“二战”结束，欧洲的城市遭到了极大的破坏，很多建筑遭到损坏。从战场上下来的大量人员需要安置，可整个欧洲的住房都异常紧张，在这种情况下，住宅建筑的修建又兴起了新高潮。

法国著名建筑设计师勒·柯布西埃早在20世纪20年代，就曾提出过一些现代城市的设想。在他的设想中，现代城市是由自给自足的带有服务设施的“居住单元”组成。但是柯布西埃的设想无法付诸实施，因为没有一个几百万人口的城市可供柯布西埃实验，即便有城市愿意试验，仅仅靠柯布西埃的设想也无法成功。因此，柯布西埃的规划搁下了。

在“二战”后兴建住宅建筑的高潮中，他幸运地得到了个小试牛刀的机会。在法国建设部部长的支持下，他设计了马赛公寓，这是一幢被视为现代城市基本“居住单元”的房子。

马赛公寓位于马赛市市郊，是一座高17层的大楼，长165米，宽24米，高56米，1947年兴工，1952年完成。住宅平面是个矩形，一共可容纳337户计1600个居民。它户型的式样有23种之多，从单身者到8个子女的家庭都能适用。

其中第七、第八层是用于服务设施的食品店、药房、理发店、邮局、酒吧、餐厅、银行、旅馆等，而1层至6层，9层至17层是住宅。在第17层上还设有幼儿园、托儿所。

就连屋顶也有规划，设有儿童游戏场、小游泳池和成人健身房及供成人休息、看电影的一些设备。在屋顶的女儿墙四周，有一圈200米的跑道，可供大楼里的居民清晨锻炼。17层和屋顶之间用坡道相连，对于年迈的人

马赛公寓

来说，上下也十分方便。一些空调、电梯、马达等设备均安装在底层和二层之间的技术夹层。

别出心裁的结构

马赛公寓在布局上采用了内廊跃层的方法，每户占据二层，层高不高，仅 2.4 米，两层之间由小梯相连。楼上一层布置卧室，楼下一层作为厨房。平时活动较多的起居室占两层高度。由于一条内廊可服务三层楼面，这样每三层就可以形成一组，15 层只需安排五条走廊。

马赛公寓的墙面、遮阳板、阳台等是预制的，是钢筋混凝土框架结构，整个框架的重量全部由底层巨大的上粗下细的柱子支撑。

在外观设计上，勒 · 柯布西埃追求粗犷、原始的雕塑味，保留着原材料的木花纹、质感和污渍。建筑史上曾把这种不修边幅的立面处理手法称为“朴野主义”。

不过，这种小而全的住宅并不十分成功。“城镇”内的商店、餐厅并不像想象中那样兴隆。住在公寓内的居民仍然到外面的“世界”中去买东西。渐渐地，马赛公寓失去了生命力。可是，马赛公寓建成后的一年内竟吸引了 50 万人次来参观，甚至著名画家毕加索也来参观，并要求拜柯布西埃为师。

昌迪加尔高等法院：朴野而怪诞

昌迪加尔高等法院乍一看上去就像不曾完工，其实建筑师故意要造成一种朴野、怪诞的情调，这种建筑设计的手法，和马赛公寓一样也属“朴野主义”的范畴，不过也有人说这种“朴野主义”恰恰反衬出了法院的公正和严肃。

奇怪的构造

20 世纪 50 年代，印度政府在喜马拉雅山南麓山脚下的昌迪加尔平原上，将重新建设印度旁遮普省的省会。建筑师柯布西埃接受邀请，让他把整个城市划分为整齐的矩形的街区，形成一个棋盘式的道路系统。

柯布西埃在城市规划上的新思想得到了应用，街区被明确地分为政治中心、商业中心、工业区、文化区和居住区五个部分，功能分布非常明确。柯布西埃还设计了政治中心的建筑物，其中高等法院的建成曾经引起世界建筑师们的广泛注意和仿效。

昌迪加尔高等法院建成于 1956 年 3 月，柯布西埃的主要出发点是利用建筑本身的特点来解决当地烈日和多雨的气候所造成的困难。建筑物高 4 层，为了降温，柯布西埃用了一个极大的钢筋混凝土的篷罩，把整个 4 层的法院建筑罩了起来。法院建筑的外面布满了尺寸很大，混凝土做成的遮阳板，它们所组成的图案有点像中国的博古架。

法院的平面形状是一个简单的“L”字形，一层有一间大审判室和 8 间小审判室，门厅在地面第一层，进入门厅以后是一个大坡道，人们可以顺着坡道登楼。楼上也有一些小审判室和办公室。此外，还有对公众开放的图书馆和餐厅。

罩着法院大楼的篷罩横断面是个很平坦的“U”字形，前翘后翘，雨水集中在 U 形断面中间的集水沟中，并从山墙上的出水口流出来。它由 11 个连续的拱壳组成的，长达 100 多米，起了遮挡烈日的作用。法院的入口没有装门，只有 3 个高大的柱墩一直支承着顶上的篷罩，形成一个高大

昌迪加尔高等法院

的门廊，门廊气势雄伟，便于空气流通。

整个建筑的外表都是裸露的混凝土，上面保留着浇捣时模板的印痕。门廊内部的坡道上也满是大大小小不同形状的孔洞。一层的大小审判室的后墙上还都挂着由柯布西埃亲手设计的壁毯，但壁毯的图案太怪，遭到法官们的非议，后来不得不取走。

“朴野主义”的设计风格

有人说，昌迪加尔高等法院这座建筑与其说是法院，倒不如说更像一座监狱。昌迪加尔高等法院乍一看上去就像还没有完工，其实建筑师是故意要造成一种朴野、怪诞的情调，这种建筑设计的手法，和马赛公寓一样也属“朴野主义”的范畴。

不过也有人说这种“朴野主义”恰恰反衬出了法院的公正和严肃。但是这种“朴野主义”用在公共建筑上，可能还有一定的进步意义。

可是，“二战”以后，公共建筑都变得廉价和讲究速度了，这种建筑的尝试只能用到行政建筑上。

罗马小体育宫使混凝土显身手

建筑师奈尔维的一生中，设计建造了一大批钢筋混凝土的建筑物，其中罗马小体育宫将其建筑的使用要求、结构受力和建筑艺术巧妙地糅合在一起了，他因此获得了“钢筋混凝土诗人”的美誉。罗马小体育宫就是奈尔维设计的最有名的建筑物。

爱上了混凝土

1910年，在意大利波伦亚大学土木工程系，一位老师宣读了一封信，这封信上说，根据他们的计算，罗马城里的一座名叫列索曼琪托的钢筋混凝土桥马上就要倒塌了。可是实际上，那座桥一直完好地屹立在那里。那些学生们对那封信报以一笑也就搁置脑后了，但却使其中一位学生深受启发，这位学生就是后来成为世界知名的结构工程师兼建筑师的意大利人奈尔维。

奈尔维自此爱上了混凝土，在他的一生中，设计建造了一大批钢筋混凝土的体育场看台、飞机库、体育馆、展览馆。这些建筑物不仅受力合理、用料节省，而且都有独到之处，受到广泛的注意。罗马小体育宫就是奈尔维设计的最有名的建筑物。

1955年，意大利政府准备在罗马举行奥林匹克运动会，为了进行篮球和拳击比赛，准备修建一座体育馆。一位建筑师已经设计好了体育宫的平面，然后请来奈尔维给这个体育宫加一个屋顶。体育馆的平面是一个直径60米的圆，里面可以容纳6000 ~ 8000名观众。奈尔维被要求提前单独建造屋顶，因为这个屋顶与体育宫内的场地、看台及其他设施相互独立，之间没有任何联系。

奈尔维为这个体育宫设计了一个像是一张反扣过来的荷叶似的屋顶，由沿圆周均匀分布的36根“Y”字形斜撑承托，把荷叶的重量传到埋在地下的一圈地梁上。这36个斜撑暴露在室外，表现出了体育建筑“健和美”的性格，看起来不同凡响。

罗马小体育宫

从室内望出去，整个屋顶像是悬浮在半空中，十分优美。之所以能获得如此奇妙的艺术效果，与奈尔维这位结构大师高超的建筑审美观是分不开的。

实用、科学与美的结晶

小体育宫建成以后，也有一些特别爱挑剔的人提出，那一圈36根“丫”字形的斜撑的数量可以再减少一些。但绝大多数人都认为它确实很美，是一座非常成功的建筑。

那奈尔维为什么偏偏用36根斜撑，而不是34、32或其他数字呢？原来，奈尔维对这一点也是有着仔细的推敲的，他主要从审美的角度考虑了屋顶菱形槽板的大小。这既使体育宫受力非常合理，又在建筑艺术上特别相称、妥帖。从室内透过大玻璃窗望出去，斜撑的两条叉正好在菱形槽板之间肋的延长线上。

就是这样，奈尔维在罗马小体育宫这一幢建筑物中，把建筑的使用要求、结构受力和建筑艺术巧妙地糅合在一起了，他因而获得了“钢筋混凝土诗人”的美誉。

世贸中心建成摩天大楼

位于美国纽约曼哈顿岛西南端的世界贸易中心，由2座110层并立的塔式摩天楼与1座8层、2座9层、1座22层、1座47层的大楼组成。其中世界贸易中心一号楼和二号楼是当时世界上最高的摩天大楼，也一度是美国纽约标志性建筑。

雅马萨奇受到邀请

日裔美国建筑师雅马萨奇在1962年的一天，收到纽约新泽西港务局的一封信。信件的内容是询问他是否愿意接受一次建筑项目的设计任务。这个建筑项目的投资额为2.8亿美元。雅马萨奇仔细看完信后，他误以为投资额过大，是多写了一个“0”。

事实上，港务局决定聘请雅马萨奇担任世界贸易中心总建筑师是十分慎重的，在物色建筑设计人员时，先后对40多家建筑师事务所作了深入的调查，才最终确定雅马萨奇的。

雅马萨奇事务所接受这个建筑任务后，整整用了一年时间进行调查研究，前后共准备了100多个设计方案。

在雅马萨奇的努力下，世贸中心大楼于1966年开工，1973年竣工，历时7年。1995年对外开放，有“世界之窗”之称。它由7座建筑组成，南塔415米，北塔417米，最明显的是两栋110层的摩天大楼，是当时世界上最高的建筑。它的建立，标志着建筑技术已达到了一个很高的水平。

我们知道，美国纽约的曼哈顿区是个高楼林立的区，世界贸易中心就建在这块土地上。它总建筑面积达120万平方米。这里几乎云集了世界上绝大多数著名的高层建筑，世贸中心是其中最高的建筑。它120万平方米中有84万平方米是供办公用的，每天有5万人在这两幢大楼内上班。

世界贸易中心两栋110层高楼平面和体形完全一样，每栋高塔中安装有102部电梯，遇到紧急情况时，全部人员能在5分钟内全部疏散完毕。另外，世界贸易大楼采用筒中筒结构体系，外墙承重，且由密集的钢柱组

世界贸易中心夜景

成，具有强大的抵抗水平荷载的能力。

世贸中心建成后，成为当时世界上最高的摩天大楼（1972—1974）。但很快就被芝加哥的西尔斯大厦取而代之。令人痛心的是，2001 年 9 月 11 日，恐怖分子劫持两架波音飞机分别撞向双塔，世贸双塔就此倒塌。

设计科学合理

风对建筑的危害很大，随着建筑高度的增高，使得建筑结构抗风设计的难度也在不断提高。世贸中心顶部的风速按 225 千米／小时计，所产生的风压几乎达到 400 千克／平方米，其危害性非常大。为了防风压引起的振动和移位，雅马萨奇在世界贸易中心的第 7 层至 107 层中的桁架下弦都装了减振器。这种利用弹性材料在振动时能将势能转变为热能的原理来防风减振，效果十分显著。

世贸大厦固定办公人数为 5 万人，而且每天吸引了约 9 万名新奇的观光者。和所有的超高层建筑一样，世界贸易中心垂直交通的布置十分棘手。要将这 13 万的人送往不同高度，确实让人费尽心机。可世贸中心大厦却创造了一个崭新的运输方案，那就是，每幢楼设 108 部电梯，其中分段电梯 23 部，分层电梯 85 部，然后在 44 层和 78 层设立高空门厅，高层高空门厅中还设有各种服务和商业设施，让人随意采购和享受各种服务。

这样一来，就与底层大厅一起把这110层的高度分成三个交通段。各种人员可根据不同的要求在这三个门厅中进行选择与过渡。从底层大厅分别有11部或12部高速直达电梯通至高空门厅。另外，还有五部高速直达电梯直达107层或110层的快餐厅与瞭望厅，速度快达每分钟486.5米。这样一来，就大大缓解了运输问题。

世界贸易中心大楼

人们在世贸中心的顶层还可瞭望整个曼哈顿半岛的景色。另外，世界贸易中心广场周围还布置了4座7层高的建筑作为商店、展览、旅馆和海关检查用。比起其他高层建筑，世贸中心所提供的方便是极其周详、舒适的。

在防火问题上，世贸中心采用了石棉水泥防火。此外，为了防止高层建筑电梯井的烟囱拔风，安全区内备有消防龙头供消防队使用，核心筒设计成用防火墙及防火门包起来的安全防火区。核心筒内还有用于排烟的专门竖井，大楼各楼面都有烟感报警器。1975年，大楼11楼遭受到火灾，由于设备完善，仅3小时就将火灾扑灭。

世贸中心的建立，标志着建筑技术已达到了一个很高的水平。但是世界贸易中心的造价是十分昂贵的，已达7.5亿美元。

华盛顿国家美术馆东馆

华人贝聿铭主持设计了华盛顿国家美术馆东馆。美国总统卡特参观后说："她不仅是首都华盛顿的一部分，而且象征着公众生活与艺术之间的联系日益增强……"她得到了美国许多报纸、刊物的一致好评。

贝聿铭的设计

"她不仅是首都华盛顿的一部分，而且象征着公众生活与艺术之间的联系日益增强……"

这是美国总统卡特1978年6月1日在华盛顿国家美术馆东馆落成典礼上所说的赞美之词。华盛顿国家美术馆东馆是当今美国最好的美术馆。它的设计者就是著名的美籍华人建筑师贝聿铭。

贝聿铭在中国古老美丽的南方名城苏州出生。他从美国大学的建筑系毕业以后，以兢兢业业、一丝不苟的精神对待自己的事业。20多年来，贝聿铭和他的同事们在美国各大城市，以他特有的缜密的构思、完美的手法设计了许多不拘一格、有独到之处、富有探索精神的建筑作品，赢得了越来越高的声誉。

"二战"结束后，在华盛顿，还没有设计建造成一幢与这个优美的城市相称的现代建筑。国家美术馆东馆就是脱颖而出的一座。卡特总统认为它是"华盛顿和谐而周全的一部分"。她得到了美国许多报纸、刊物的一致好评。

别出心裁的构思

国家美术馆东馆在华盛顿的位置非常重要，向东可以望见国会大厦，向西不远就是美国总统办公的白宫。国家美术馆东馆所处的地面是一个直角梯形，设计怎样一座建筑物，才能配合这样一块形状不规则的地面？而且又能与这个优美的城市以及与旧美术馆相协调，还能体现出现代建筑的风格来呢？

贝聿铭经过反复推敲，把这个直角梯形场地划分成两个三角形并在它上面建造了两座建筑物，一幢是等腰三角形的建筑物，另一幢是直角三角形的建筑物。两座建筑物紧紧连在一起，只有一巷之隔。直角三角形里面是阅览和研究中心的大厅及一些小房间。这两个建筑物的外墙都贴满了桃红色的大理石，使它与旧美术馆显得很协调。建筑虽然没有窗子，但桃红色的大理石在阳光的照耀下使人感到温暖而有生气。

华盛顿国家美术馆东馆全景

国家美术馆东馆与旧馆之间是一个7000平方米的小广场，广场下是地下室。通过地下室，把新、旧馆紧密联系在一起了。广场上还有一个喷泉和几个大小不同、形状像宝石似的透明的雕塑，这雕塑正好是地下室小吃部的天窗。当人们参观累了，在小吃部歇歇脚，喝上一杯热咖啡，听着叮咚的水声，会觉得别有一种趣味。

走进入口，穿过一个低矮的、装饰简单粗糙、只有3米高的门厅，就是24米高的中央大厅，大厅顶上有25个天窗。明媚的阳光从天窗上倾泻下来，照得大厅一片明亮。这个大厅既是识别方向的空间，也是陈列的场所。大厅的天窗架下挂着一个个红色的大型装饰物，它们在微风的吹拂下，像是缓缓飞翔在空中的鸟。这些“活鸟”的影子投射在地面、墙面上，非常漂亮。大厅里还设置了天桥、大楼梯、挑廊……使得参观者可以方便地前往各个陈列室。这一切使整个大厅充满了活力。

朗香教堂震动世界

朗香教堂的横空出世震动了全世界。世界建筑史用浓重的笔墨记下了这座建筑。朗香教堂的设计师柯布西耶用这座圣殿把天、地、人联系在一起，也把天才、勤奋、探索联系在一起。它是一座艺术圣殿、一座人类智慧的圣殿。

柯布西耶的非凡之作

朗香是法国东部孚日山区的一个小山村，设计师柯布西耶在朗香村的布尔垒蒙的小山顶上建造了一座很小的教堂，这就是朗香教堂。朗香教堂与巴黎圣母院、科隆大教堂相比，规模非常小。这个小教堂内，连坐带站只能容纳 200 人。但是它很奇特，仿佛是从天上掉下来的，是一个巧夺天工的建筑物。朗香教堂的设计师柯布西耶被人誉为“现代建筑的先驱”。朗香教堂是柯布西耶设计的建筑中最夺目耀眼的一个作品。

这座天才建筑物的天才设计师告诉人们的是：天才是“长久辛勤的探索”。1931 年，柯布西耶在北非穆扎布沙漠时，就特别注意到那里建筑的形态，并将其应用在朗香教堂的南墙上。他采用了穆扎布建筑的白粉墙，用简单朴实来突出朗香教堂的体型特征。

1947 年，柯布西耶在纽约长岛的沙滩上捡到了一个螃蟹壳，并由此便构思出朗香教堂屋顶的形式。他结合飞机机翼的构造方法，改造设计出教堂的屋顶。

1950 年的一天，柯布西耶站在布尔垒蒙山上俯瞰山下的平原，迎着微风，感受着大自然的亲切宜人。此刻他灵感大发，在脑海里形成了朗香教堂的整个建筑轮廓。

天、地、人的完美结合

“一项任务定下来，我的习惯是把它存在脑子里。人的大脑有独立性，

朗香教堂侧影

那是一个匣子，大量存入资料信息，让其在里面游动、煨煮、发酵。然后，到某一天，咔嗒一下，你抓过一支铅笔在纸上画来画去，想法便出来了。”这是柯布西耶关于自己的一般创作方法的叙述。

在朗香教堂设计稿动笔之前，柯布西耶曾深入了解天主教的仪式和活动，了解信徒到该地朝山进香的历史传统，他还专门找来介绍朗香的书籍，仔细阅读，并且做了大量摘记。

在朗香教堂的设计中，柯布西耶摒弃了传统教堂的模式和现代建筑的一般手法，把重点放在建筑造型上和建筑形体给人的感受上，把朗香教堂当作一件混凝土雕塑作品加以塑造。

朗香教堂墙体几乎全是弯曲的，还有些倾斜；塔楼式的祈祷室的外形像座粮仓，与墙体之间留有一条40厘米高的带形空隙；入口在卷曲墙面与塔楼的交接的夹缝处；室内主要空间也不规则，光线透过屋顶与墙面之间的缝隙和镶着彩色玻璃的大大小小的窗洞投射下来，使室内有一种特殊的气氛。

1953年，朗香教堂落成了，它惊动了全世界，世界建筑史用浓重的笔墨记下了这座建筑。无数人前去朝拜它，因为它是一座艺术圣殿。它卷曲的屋顶舐着苍天，它在大地上的孤独象征着它在历史上的孤独。柯布西耶用这座圣殿把天、地、人联系在一起，也把天才、勤奋、探索联系在一起。朗香教堂，被誉为20世纪最为震撼、最具有表现力的建筑，其设计对现代建筑的发展产生了重要影响。

五个立面的悉尼歌剧院

悉尼歌剧院一出现便吸引了世人的目光，它是悉尼艺术文化的殿堂。在清晨、在黄昏或在星夜，不论徒步缓行或出海遨游，悉尼歌剧院就好像一艘正要起航的帆船，将带着所有人的音乐梦想，驶向蔚蓝的海洋，悉尼歌剧院是悉尼人们的魂魄。

建造历程充满坎坷

悉尼歌剧院的建成，有一段坎坷的历程。

1956年，当时的澳大利亚政府总理凯希尔以政府名义筹建悉尼歌剧院。院址就选在引人注目的班尼朗岬上，并为此举办世界性的设计方案竞赛。当时，从30个国家收到了223件设计图，评委会从中选出了10件候选设计图。

著名建筑师沙里宁赶到澳大利亚，他对这10件候选设计图都不满意，最终他亲自选中了由丹麦建筑师伍重设计的方案。当初伍重为了在设计竞赛中独占鳌头，直到临近交卷时限时，才想出这个方案。可是绘正规的设计图已经来不及了，只好在纸上徒手画了一幅极其简单的示意性的草图，寄给了评委会。

由于沙里宁是一位偏爱薄壳屋顶的著名建筑师，他特别看中伍重的方案，在许多人的反对声中，坚持把伍重列为头奖。

开始筹备施工。由于这群造型奇特的薄壳在方案设计阶段仅是“灵感一现”，因此如何实现它遇到了极大的困难。世界上著名的结构学权威，英国人阿鲁普也认为这群薄壳是无法建造起来的。这时候有很多人提议否定这个方案。但总理凯希尔支持了伍重，到了1963年，基座部分建成了。

在施工的六年期间，伍重继续与阿鲁普一直设想以各种薄壳来解决问题，如抛物线薄壳、带肋的薄壳、双层薄壳等，结果全部失败。后来他们决定放弃薄壳的设想，而改用一片片人字形的拱肋拼接，终于获得了成功。

后来凯希尔总理因病去世，新任总理不支持伍重，将伍重排除出工程

悉尼歌剧院夜景

主要领导地位。但是木已成舟，工程必须仍按伍重和阿鲁普的想法干下去，工程又建设了十年时间，到 1973 年才全部结束，整个工程造价比原来预计的增加了 14 倍。

歌剧院巧妙的设计

悉尼濒临大海，是澳大利亚的第一大城市，一个天然港湾把悉尼市分为南北两部分。一座 2000 米长的大铁桥横贯海湾，将悉尼市的南北两部分连接起来。海湾的北边有一座面积约 3 公顷的班尼朗岬。岬的三面环水，南端连接陆地，有三条街道在那里会合。岬前的海湾是世界各国的轮船必经的航道。悉尼歌剧院就像是一组洁白的雕塑，坐落在这座岛上。

伍重将整个剧院里的一个音乐厅、一个歌剧厅、一个餐厅的上方，覆盖了三组既像贝壳，又像白帆似的屋顶。在这三组壳顶的下面，是一片桃红色的花岗岩大基座，基座南端沿街是一个大台阶，顺台阶而上可以直达基座的顶面，并进入音乐厅、歌剧厅和餐厅。

音乐厅可容纳 2700 名观众，歌剧厅可以容纳 1550 名观众。这两个厅的南北两端都有休息厅和休息廊，两侧也有休息厅和休息廊。悉尼歌剧院和一般歌剧院不同的是，观众进门以后就正对着舞台的背后，他们必须绕

悉尼歌剧院内景

过舞台从两侧进入观众厅。据建筑师伍重说，之所以这样安排，是为了使屋顶的薄壳排列有最好、最完美的造型艺术效果和音乐效果。

北端的休息廊直接临近海面，观众和前来观光的游人可以在这里眺望悉尼海湾的绚丽景色。来往着的各种各样的船只、悉尼大桥及层层叠叠的高层建筑，都历历在目。

悉尼歌剧院的玻璃墙面上所用的玻璃是特制的双层玻璃，每层厚16毫米，这样就可保证即使玻璃破碎，也不至于掉下来伤到人。

音乐厅和歌剧厅的室内音响是丹麦的音响世家乔丹父子设计的。音乐厅的顶棚上有用来扩散声音的，像炮筒一样向下凸出的装饰。舞台上方还有可以自由升降的丙烯塑料制成的大圆环，也具有反射声音的作用。

音乐厅、歌剧厅、餐厅的屋顶的“壳”是委托欧洲结构学权威阿鲁普设计的。实际上，尽管这些壳看起来大小、高低不一，是由许多大小和形状相同，一段段的在地面上预制好的钢筋混凝土构件拼接而成的。这些壳面上贴满了瑞典生产的白色有光泽的和米黄色的粗面陶瓷砖，这种砖不怕风雨侵蚀、结实耐用、历久如新。十对壳面在蓝天下闪闪发光，显得雄伟而壮丽，飘逸而典雅。

安德鲁设计戴高乐机场

戴高乐机场是世界上最大的机场之一。为了便于人员和货物集散，按水泵的原理，戴高乐机场的候机楼被设计成圆形。这座圆形建筑的当中是个开敞的天井，天井可用于自然采光、通风，而且天井中交叉的自动步道便于进港层和出港层的交通。

美丽无比的外观

戴高乐机场位于法国巴黎东北郊，占地2995公顷，有4条长3600米、宽45米的跑道。它距市中心24千米，设计最高容量为每小时150架次飞机起降，是当时世界上最大的机场之一。戴高乐机场始建于1966年，1974年完工。设计师是时年只有29岁的保罗·安德鲁。

乘飞机鸟瞰巴黎这座欧洲著名城市，在风和日丽的时候，一定能清晰地见到这座规模巨大，形同蛋糕的戴高乐机场。这个机场共有两座候机楼，一个空中航运中心，一个供热、空调的动力中心，一个消防站，一片货运区，一片维修区及机库，一座空中“厨房”，还有一些辅助设施。

从空中看，供国际航线使用的一号候机楼呈梅花形，当中的“花蕊”是座高11层(地下2层，地上9层)的建筑物。为了便于人员和货物集散，候机楼按水泵的原理设计成圆形。这座圆形建筑的当中是个开敞的天井。天井可用于自然采光、通风，而且天井中交叉的自动步行道便于进港层和出港层的交通。

主体不凡的设计

由于欧洲各国交通工具十分发达，汽车可通过机场外围的公路网直接开入圆形候机楼的首层——出港层内部，乘客可将汽车开到第五层至第八层的停车层存放，然后再乘电梯回到首层。这些停车层每层可停放1000辆汽车。如果乘客是搭乘出租汽车而来，则可直接在出港层下车，旅客大

戴高乐机场

厅内的环形柜台可以同时给 120 名乘客办理登机手续。乘客办完手续后可乘自动步道到第二层——转运层，直接转至登机楼登机。乘客还可乘自动步道到地下层——商店、服务层去购买免税商品。

机场建筑中往往十分强调旅客行走路线的便捷。戴高乐机场候机楼设计成梅花形，使得旅客的路线安排是很方便的。

戴高乐机场第二层是转运层，有 7 条 170 米长的地道与“花瓣”状的卫星登机楼相沟通，来往乘客均由此进出。

第三层是进港层，这里还专门开辟了接客点，内设各种指示牌，让接客者在此迎候。旅客下机后先从转运层到达这里，再到达港层中间一圈海关检疫处检查，然后再由外围的停车场地搭车到市区。

第四层为技术层，一号候机楼的动力、空调、变电均安装在此。地下二层是行李总分拣处，进出港的大型行李集装箱在此拆装、分类。

候机楼的整体感是非常突出的，室内设计不片面地追求高大，外观的立面朴素无华。室内的装修也极其简洁、明丽，色彩淡雅。构件是黑色，家具是白色，地面是黑白相间。如指示板、指路标、椅凳、公共家具等才使用彩色调。在地下一层的商店区，也采用了暖色，用来烘托繁华热闹的商业气氛。

整幢候机楼墙内还安装了许多低功率扬声器及自动火警系统、自动电视监视系统等现代化设施。从建筑设计角度看，整个候机楼共用了 18 万立方混凝土和 1.6 万吨钢材。

第九章 新世纪建筑

我们比以往任何时候都有可能在更大的程度上表现自已，因为我们有悠久的过去可以依凭。科学和技术提供了新的方法，我们开始意识到：其他人的自我表达，其艺术，是我们生命的组成部分，也是我们周围一切所见所闻的组成部分。无论什么时候，我们对建筑、绘画和制作品的理解，也都是自我理解的一部分。

——《剑桥艺术史》

瑞士再保险塔

瑞士再保险塔位于英国伦敦“金融城”，绰号“腌黄瓜”，是一座玻璃外观的尖顶摩天大厦，也是福斯特勋爵的杰作之一。2004年建成开业，引起了伦敦市民的相当矛盾的兴趣。其螺旋式外观为其赢得“腌黄瓜”的绰号，被誉为21世纪伦敦街头最佳建筑之一。

多领域合作的结晶

1992年，爱尔兰共和军在伦敦旧城区扔了炸弹，炸坏了建于1903年的波罗的海贸易海运交易所，到1998年，断垣残壁彻底被拆掉。必须有一座新的建筑来填补波罗的海贸易海运交易所留下的空缺。

在激烈的竞标中，福斯特勋爵领衔的福斯特建筑师事务所接到了新建筑的设计任务，于是一项跨越世纪的宏大工程“瑞士再保险塔”拉开了序幕。

投资方提出了很多要求，并且给设计划定了一个最基本的原则——有机的、生态化建筑是所有设计的出发点。

对于这样一座复杂的多功能建筑，建筑设计是一个极为庞大的系统工程。由于多种生态技术的利用和由之而来的非常规的结构方案，决定了福斯特建筑师事务所不可能独自承担全部的设计工作。

因此，瑞士再保险塔是以福斯特建筑师事务所为主导的多机构通力合作的结晶。从设计之初，希尔森莫伦有限公司、BD5P合作体、AmP结构工程师事务所等一批专业机构就参与到建筑的设计中来。建筑师、环境工程师、结构工程师通常以两周为一个配合周期，协调进度，分配工作。

瑞士再保险塔的底两层为商场。大厦的中央是巨大的圆柱形主力场，作为大楼的重力支撑。最顶的两层是360度的旋转餐厅和娱乐俱乐部。每层的直径随大厦的曲度而改变，直径由162尺至185尺(17楼)，之后续渐收窄。

瑞士再保险塔的表面用的是双层低反光玻璃，以减少过热的阳光。内部有6个三角形天井，目的是增强天光的射入。由于大厦的旋转型设计，

瑞士再保险塔外景

光线无法直接照射，而是从每层旋转型的楼层照射，有散热的功能。而空气则利用每层旋转的楼层空隙，流遍整座大厦。

被人称为“腌黄瓜”

2004年，瑞士再保险塔盛装现身。这个高达180米、40层的庞然大物以优美的曲线形身姿挺立在伦敦。该建筑号称伦敦第一座生态摩天楼，比同等规模的办公建筑节能一半，其外部形态所体现的每一点都与传统建筑迥异，体现了设计师们的非凡创造性。

瑞士再保险塔最被伦敦人熟知的名号既不是瑞士再保险公司也不是玛利埃克斯街30号，而是一个带有调侃的比喻——”腌黄瓜”，福斯特相信具有自然生长的螺旋形结构并随气候变化开合的“松果”是一个比“腌黄瓜”更贴近其原理的比喻。与松果上自然生长的螺旋线一样，在瑞士再保险公司的表面分布着螺旋形结构的暗色条带。

这种流质塑性日益成为当今建筑的一大趋向，就像很多建筑师试图在建筑流线布局中表现一种流质和模糊状态一样。实际上，这显示出他们对非固定形态的建筑隐性要素，如气流、人流的态度发生了变化，从简单几何学的生硬规定到复杂多变的形态。

瑞士再保险塔与外界相交的边界实际上由两种不同性质的空间组成，同质空间盘旋向上，而这就是幕墙上色泽深暗的螺旋线的由来。在对曲线

瑞士再保险塔近景

形的外立面作了可能的简化处理之后，外围护结构被分解成5500块平板三角形和钻石形玻璃。数千版块构成了一套十分复杂的幕墙体系。

这套体系按照不同功能区对照明、通风的需要为建筑提供了一套可呼吸的外围护结构，同时在外观上标明了不同的功能安排，使建筑自身的逻辑贯穿于建筑的内外和设计的始终。

总之，瑞士再保险塔采用了很多不同的高新技术和设计，是建筑史上的重大突破。它在许多方面显示出其反叛传统、与众不同的特色，它的出现为新世纪建筑提供了一个示范，也将在建筑历史中留下浓墨重彩的一笔。

亚特兰蒂斯酒店

亚特兰蒂斯酒店，是以柏拉图著作中描绘的理想国“亚特兰蒂斯”命名的。其设计理念以神秘的亚特兰蒂斯为基础，在保留天堂岛物业地标性的设计元素之外，融合传统的阿拉伯设计主题。其建筑、装潢和服务十分高档奢华。

将传说变成现实

亚特兰蒂斯酒店坐落在阿联酋迪拜的棕榈人工岛上，占地7.5万平方米，有1539个房间，装潢风貌是古波斯和古巴比伦建筑的特色。

酒店的大堂中设有一个巨型水族缸，内里有6.5万条鱼。此外，还有一个海豚池，饲养了20多条从所罗门群岛运来的瓶鼻海豚。酒店拥有四家由星级名厨掌舵的高级餐厅、一家夜总会、一间水疗及健身中心，还有大型会议中心等设施。

除了住宿外，亚特兰蒂斯酒店为客人们安排了丰富的娱乐休闲活动。海豚池模拟海豚生活的自然环境，为海豚打造真实舒适的家园。儿童游乐区是该地区最大的家庭游乐场，两个巨大的旋转洪流桶，当装满水后便会倒下，让水如洪流般倾泻而出。水世界冒险乐园非常适合举行团队拓展训练活动或休闲招待会。

2008年11月20日，亚特兰蒂斯酒店举行盛大的开幕典礼，酒店方邀请了世界各地2000多位名流，包括美国著名脱口秀主持人奥普拉·温弗瑞、好莱坞巨星罗伯特·德尼罗、前篮球名将乔丹等。

酒店还请专家设计出比北京奥运会开幕式更为壮观的烟火表演，宣称其燃放的规模比北京奥运会的“大7倍”，甚至能从太空中看到，把整个开幕晚会推向高潮。

耗资约2000万美元的盛宴由南非亿万富豪科兹纳亲自筹划，他说：“我们建造这么一个令人叹为观止的酒店，就必须让全世界知道。”费用由棕榈岛的开发商Nakheel及亚特兰蒂斯酒店开发商科兹纳共同负担。之

亚特兰蒂斯酒店外景

所以这么做，是因为投资方对酒店前景极为乐观。根据迪拜设定的目标，从 2007 年至 2010 年，每年入住当地酒店的游客数量将从 700 万人增至 1000 万人。

别具特色的套房

亚特兰蒂斯酒店中的豪华标准房主打水元素的主题。很多双床客房相互连通，非常适合家庭入住，尤其是对于两位成人和两位儿童的家庭极为方便。

单卧豪华套房都兼具居家的舒适感和度假村的奢华体验。酒店宣称这些套房将超大空间、豪华内饰、良好的服务融为一体。每间超级豪华套房拥有浴室、用餐区及房内设施。

阳光露台套房位于塔的中心位置，可以眺望棕榈岛或阿拉伯海湾。每间阳光露台套房包含一间卧室、起居室、大阳台，宾客可以在阳台上享受日光浴或露天用餐。

“海王星与波塞冬”水下套房是亚特兰蒂斯酒店最具特色的一处亮点，在卧室中能够看到五彩斑斓的海底世界，给入住者带来身处水晶宫般的极致住宿体验。

尼普顿海神套房和波塞顿海神套房占据了酒店的三个楼层，穿过豪华的前厅，走下楼梯，即是以海底世界为主题的用餐区和会客区，并配有管家备餐室。这个套房宽敞舒适的卧室和浴室也同样能够观赏到奇妙的海底世界。

亚特兰蒂斯大套房位于两座高塔的较高楼层，每间套房有一个开阔的大厅，穿过走廊可通往主卧室，男女独立浴室，私人起居室。从大厅也可以通向起居室和紧邻的用餐室，用餐室可容纳 10 人。有独立的备餐室及管家专用入口。

天桥套房左右衔接两座皇家塔，处在亚特兰蒂斯最引人注目的拱门正上方。套间配有大型的酒廊、两座宽敞的露台、三间卧室。透过房间的落地窗可眺望棕榈岛、迪拜城及阿拉伯湾。宾客可以享有私人管家全天候 24 小时服务。

套房配有独立的客梯，用餐区的餐桌可容纳 16 位宾客用餐；图书室配备多媒体设施。套房的主卧室和大床房都可以在露台欣赏到海湾美景及迪拜都市景观。

亚特兰蒂斯酒店内景

玛丽莲·梦露大厦

玛丽莲·梦露大厦，位于加拿大第七大城市密西沙加市，是由中国的建筑师马岩松领衔设计的。它看上去十分性感，通体流线顺畅，梦幻般优美。欣赏了大厦外观的人们就会萌生进入大厦里面一探究竟的想法。

竞标脱颖而出

2005年底，加拿大多伦多地区的密西沙加市的两家开发商决定举办当地40年来的首次公开国际建筑设计竞赛———为规划中的一栋50层高的地标性公寓楼寻找一个创新的设计，建设一栋具有时代意义的超高层建筑，从而树立城市新形象。竞赛收到来自世界70个国家的92份提案，最后有6个设计方案备选。

2006年1月，竞标进入到深化设计阶段。来自中国的马岩松带领的北京MAD建筑师事务所的设计方案进入到这一阶段。马岩松的概念设计方案图在市政厅展出时，引起加拿大及多伦多地区的各大媒体的极大关注，其夸张的流线造型，颇似明星玛丽莲·梦露性感的身段，因此他们设计的大厦被当地媒体昵称为“玛丽莲·梦露大厦”。

由9位世界著名建筑专家、城市规划专家和评论家组成的评审会，对6个备选设计方案进行了严格的选评。2006年3月28日上午，密西沙加市市长宣布北京的MAD事务所的设计方案中标。

首席设计师马岩松闻讯大喜。他1975年出生于北京，在美国耶鲁大学获得建筑学硕士学位，曾经在伦敦的扎哈·哈迪德事务所和纽约的埃森曼事务所工作，2004年在北京开设MAD建筑师事务所。

马岩松向记者强调：“这将是中国建筑师首次通过国际公开竞赛赢得设计权，标志着新一代的中国建筑师已经开始了创意中国的时代。”

事实上，MAD事务所也是国内最出风头的青年设计团体，这所2002年创立的事务所于2004年转移至北京，曾获得上海国家软件出口基地国际竞赛一等奖、上海现代艺术公园（S-MAP）概念设计竞赛一等奖，

玛丽莲·梦露大厦外景

2004 年参加中国国际建筑艺术双年展，不过他们获得大设计项目的机会很少。

马岩松表示，他获得大设计项目的主要途径就是不断参加各种设计竞赛，一方面可以提高知名度，另一方面也能获得竞赛奖金，维持事务所运行。建筑评论家方振宁是最早关注 MAD 建筑师事务所的人之一，他说："以前中国设计师在海外只能获得一些小项目，通过竞赛获得这样的大设计项目还是第一次，说明 20 世纪 70 年代出生的设计师开始出头。"

值得注意的是，MAD 事务所因为注册地在美国，因此在竞赛中被归类为美国公司。实际上，MAD 事务所的办公地点在北京，三位合伙人也是国际化的背景。

屡获大奖

由于 MAD 设计的造型非常夸张，看上去非常大胆的设计方案如何落实，并控制建筑成本，将面临巨大挑战。当地开发商让 MAD 事务所和一家当地建筑公司一起深化设计，如期开工。

“梦露大厦”的设计不屈服于现代主义的简化原则，而是表达出一种更高层次的复杂性，来更多元地接近当代社会和生活的多样化需求。连续的水平阳台环绕整栋建筑，传统高层建筑中用来强调高度的垂直线条被取消了，整个建筑在不同高度进行着不同角度的逆转，来对应不同高度的景观文脉。设计师希望梦露大厦可以唤醒大城市里的人对自然的憧憬，感受阳光和风对人们生活的影响。

2012 年 6 月，两栋高层住宅“梦露大厦”被 CTBUH（高层建筑与人居环境委员会）评选为美洲地区高层建筑最高奖。

2013 年 9 月，年度安波利斯摩天大楼奖全球排名揭晓，梦露大厦在全球 300 多栋的摩天大楼中脱颖而出，赢得了 2012 年最佳摩天大楼的称号。评委会指出：梦露大厦获奖的原因是因为它自底层开始每一层楼和下一层楼相比都在水平方向进行旋转，最多 8 度。这样的建筑结构创造了建筑技术上的不凡成就，同时也改变了以往高层摩天大楼的建筑常规风格。

玛丽莲·梦露大厦夜景

第十章
东方建筑

尽管千百年来这些地区（亚洲）的历史错综复杂，但不可否认它们之间存在着联系和相互影响。这些联系和影响不仅仅是风格、形式或技术上的，也是品味、宗教观念和精神上的，这正是称之为“多样性的统一体”的原因所在。其中，印度教与佛教的传播是两个最为重要的因素。

——《东方建筑》

印度的原始建筑

摩亨佐·达罗是古印度最早出现的城市，也是世界上最早出现的古代城市之一，有古代印度河流域文明的大都会之称。摩亨佐·达罗的城市总体规划非常先进且又极为科学，是世界建筑史上的一项伟大成就，很多人将摩亨佐·达罗称为“青铜时代的曼哈顿”。

建筑规划很科学

在印度的原始建筑中，村落被视为人们聚居的基本单元，因此将村落作为中心，然后加以拓展就形成了城市。这种拓展方式首先在摩亨佐·达罗城得以体现。

摩亨佐·达罗城建造于约公元前3000年，位于印度河下游。原先这里有一些小的村落，随着人们越聚越多，村落的规模越来越大，于是当时的统治者就在这里规划建造了一座城池。

摩亨佐·达罗城的西区是城堡，建在一个高约10米的人工平台上。城堡的南半部是会堂和寺庙，会堂可能是祭祀用的，寺庙的四周有柱廊，里面有走道和各种房间。另外，城里还有高塔。这个时期，古印度的建筑也初步形成自己的形制。

摩亨佐·达罗城的周长在4.8千米以上，占地达2.6平方千米，由卫城和下城两部分组成。卫城由高大坚固的城墙环绕，四周还建有高耸的塔楼，这里显然是供贵族居住的。为了方便贵族生活，这里有非常复杂的地下排水系统与供水体系。下城区为平民居住区，城市规划整齐，路上每隔一段距离就会有照明用的路灯杆，以便人们夜晚行走。

摩亨佐·达罗城总体规划非常先进且又极为科学。有一条宽阔的大马路自北向南纵贯城市，每隔几米就有一条东西向的小街与之成直角相交。此外，还有小巷组成的不规则的路网与小街相连。在大街小巷中分布有大浴池、大粮仓、宽敞的会议厅以及其他许多公共建筑。

要建造这样一座城市，在当时的条件下，其耗费的人力和物力是不可估量的，所以有人说摩亨佐·达罗城是当时土木工程中的一项伟大成就。

民居设有排水系统

居民的住宅大多为多间建筑，有些房子很大，包括几套院落，有些则是简陋的单间房屋。为了防止恶劣天气、噪音、异味、邻人骚扰和强盗入侵，大多数住宅的底楼正对着马路的一面均为毛坯墙，没有窗户。居民房屋内都有一个宽敞的门厅，房屋的采光、通风条件良好。

摩亨佐·达罗城有完整的排水系统和精致的汲水井等。在这里，有一个由众多水井组成的自来水网络为每个街区提供水源。所以，每户人家都装有沐浴平台，许多家庭还有厕所。城中还有一个范围广大的排污系统，能及时将污水排走。

摩亨佐·达罗城在1922年被考古发掘时，整座城市已是一片废墟。除了城市中充满了燃烧的残迹外，街头巷尾到处都是男女老少的尸骨。这样一座伟大的城市为什么被毁灭，这是个谜，至今没有定论。

摩亨佐·达罗城遗址

波斯波利斯王宫巧用地形

在古代阿契美尼德帝国，波斯波利斯是行宫和灵都。受美索不达米亚诸都城的启发，波斯皇帝将波斯波利斯建成了一座拥有众多巨大宫殿的建筑群。整个古城巧妙地利用地形，将自然的地理形貌和人类的艺术精华完美地融合在一起。

修建与毁灭

“波利斯”原意是“都市”，“波斯波利斯”意思是“波斯国的都城”。波斯波利斯位于伊朗西南法尔斯省设拉子东北、扎格罗斯山区的盆地中，曾经是波斯帝国阿契美尼德王朝的第二大都城。

波斯波利斯是波斯帝国大帝大流士一世即位以后，为了纪念阿契美尼德王国历代国王下令建造的第五座都城。希腊人称之为“波斯波利斯”，而波斯人则称这座城为“塔赫特贾姆希德”。在历史上，古老的波斯是众神王国，贾姆希德就是古代波斯神话中王的名字。

波斯波利斯是一座富丽堂皇的都城，规模十分宏大。公元前 522 年，大流士一世下令开始修造，历经三个朝代才最终竣工。大流士一世时代，这座都城只完成了大流士一世宫殿、觐见大殿、宝库、三宫门等建筑，其余部分则是在其后的两位君主统治期间逐渐完成的。到阿尔塔薛西斯一世时期，这座象征着阿契美尼德帝国辉煌文明的伟大城邦才最终完成。

从此以后，波斯波利斯庄严地耸立在波斯平原上，它不仅是存储帝国财富的巨大仓库，而且是世界上最强大帝国的心脏。

公元前 330 年，亚历山大大帝攻占了波斯波利斯，进行了疯狂的掠夺，传说“他动用了 1 万头骡子和 5000 匹骆驼才将所有的财宝运走”。而后亚历山大大帝又把整个城市付之一炬。精美圆柱、柱头和横梁很快就熊熊燃烧起来，烟灰和燃屑像雷阵雨一样，纷纷落在地上。这场大火后，只有石刻的柱子、门框和雕塑品幸存下来了。就这样，宏伟壮观的波斯波利斯毁于一场大火。

波斯波利斯王宫遗址外景

复杂完善的布局

这座古城的主要建筑有万国之门、玉座厅、觐见厅、百柱厅、大流士宫殿、薛西斯宫殿、宝库等。薛西斯一世建造的“万国之门”的入口前，有大平台和大台阶，石阶两侧墙面雕刻有 23 个民族朝贡队伍的浮雕像，人物都十分形象生动。

觐见厅在遗迹中部西侧，呈正方形，为石柱木梁枋结构，边长约 80 多米，中央是大厅。大厅和门厅支撑的石柱达 72 根，柱基呈钟形，柱身有四十多条凹槽。柱头有公牛雕饰，柱高达 21 米，这些柱子至今依然屹立不倒，景象十分壮丽。

大流士一世宫殿在玉香殿之南，门道和两壁雕刻有对称的巨型翼兽身人面浮雕石像，这两壁雕像大小、形象一样，甚至连每一条纹路都是对称的。

在觐见厅北面和西面的石壁上都雕刻有狮子斗牛的浮雕，也是呈现对称式样的。百柱厅在觐见厅的东侧，面积大约有 68.6 平方米。百柱殿在薛西斯的儿子阿尔塔西斯当政时期完工，宽阔的石阶雕刻有色彩鲜明的雕刻和浅浮雕。遗址的西南角坐落着薛西斯一世和阿尔塔西斯一世的两座王宫。

大流士一世统治时期，波斯帝国处于全盛时期。大流士一世有将首都建成一座与帝国实力相称的城市的打算。那时，这里宫殿建筑雄伟壮丽，学者、能工巧匠云集，文化盛极一时。从大流士本人开始，波斯的三代国

波斯波利斯王宫遗址近景

王都为建新都全力以赴，波斯波利斯也因此最终建成，并一举成为中央集权国家的代表建筑。

这些宫殿的装饰又大量采用精致的瓦片、鲜亮的涂饰、纯金银、象牙及大理石材料，这反映了古希腊与埃及艺术的融合。

在多年的考古挖掘中，在波斯波利斯出土了很多手工艺品，其中包括不少武器、家庭用具及皇家铭文。此外，还出土了100多块上面刻有埃及文字的土简，这一切都为学者们研究波斯波利斯王宫提供了资料。

波斯波利斯是波斯帝国最伟大的城邦，如今它的建筑遗址仍然屹立在荒凉之地，向世人默默地述说着它曾经的辉煌。1979年，联合国教科文组织将波斯波利斯列入世界文化遗产之一。

新七大奇迹之一——佩特拉古城

佩特拉古城位于约旦王国首都安曼南部250千米处，隐藏在一条连接死海和阿卡巴海峡的狭窄的峡谷内。古代曾为重要的商路中心，厄多姆国的都城。2007 年，在世界新七大奇迹的评选中，佩特拉古城名列其中。

“宝库”卡兹尼

通往佩特拉古城的必经之路是锡克山峡，这条天然通道蜿蜒深入，直达山腰的岩石要塞。进入峡谷，甬道回环曲折，险峻幽深，令人毛骨悚然，走过山峡，则是另一番景象。

一座宏伟的建筑完全由坚固的岩石雕凿成形，其正面宽 30 米，高 40 米，入口高达 8 米，这就是卡兹尼。卡兹尼建于公元初年，其建筑特色具有典型的古希腊后期建筑风格。

卡兹尼最引人注目的特征是其色彩，由于整座建筑雕凿在沙石壁里，阳光照耀下粉色、红色、桔色及深红色层次生动分明，衬着黄、白、紫三色条纹，十分夺目。

卡兹尼名为“宝库”，是因为传说这是历代佩特拉国王收藏财富的地方。整个殿门分两层，下层有两根罗马式的石柱，高 10 余米，门檐和横梁都雕有精细的图案。殿门上的 3 个石龛中，分别雕有天使、圣母及带有翅膀的战士的石像。宫殿中有正殿和侧殿，石壁上还留有原始壁画。

进入其中后有一巨室，石阶尽头是一壁龛，其中或许存放过一位神的塑像。前面的空地是专门容纳前来朝拜的人群的。佩特拉正面顶部的瓮被认为曾是用来存放某位法老财宝的，以前有许多人曾尝试用枪击中这只瓮以获取其中的财宝。

墓地和寺庙

过了卡兹尼，锡克山峡豁然开阔，伸向约 1.6 千米宽的大峡谷。这峡

谷中有一座隐没于此的城市：悬崖绝壁环抱，形成天然城墙；壁上两处断口，形成这狭窄山谷中进出谷区的天然通道。四周山壁上雕凿有更多的建筑物。有些简陋，还不及方形小室大，几乎仅能算洞穴；另一些大而精致——台梯，塑像，堂皇的入口，多层柱式前廊，所有这一切都雕筑在红色和粉色的岩壁里。这些建筑群是已消失的纳巴泰民族的墓地和寺庙。

从佩特拉中部出发经半小时的山路便到达代尔。代尔是重要的进行宗教庆祝活动的场所。高地另一段陡峭的山路通往阿塔夫山脊。在一片人造的高地上有两方尖碑，山腰再往上一些是另一块被夷平的地，约有61米长，18米宽。高地被理解成用于举行祭祀仪式的地方。高祭台上是放祭品的地方，纳巴泰人供奉两个神：杜莎里斯和阿尔乌扎。这里的祭台有排水道。可能是用来排放血的，有迹象表明，古纳巴泰人曾用人来进行祭祀。

到了20世纪，佩特拉已经成为旅游圣地，同时也成了考古学家们研究的重要而严肃的课题之一。考古学家们确定佩特拉建筑融入了埃及、叙利亚、美索不达米亚、希腊及罗马的建筑风格，展示出一个多国文化交流中心城市的风貌。

印度桑吉窣堵波佛塔

桑吉窣堵波佛塔是印度阿育王时代的非凡的建筑代表作品，随着佛教的广泛传播，桑吉窣堵波的宗教建筑风格与特色在亚洲广泛流传。它不仅具有历史与宗教的价值，而且极富艺术价值。桑吉也因为桑吉窣堵波，一度成为印度佛教的中心地。

阿育王是创建者

桑吉窣堵波位于桑吉佛教古迹内，在印度首都新德里以南约 580 千米处。桑吉窣堵波是印度最大的一座窣堵波，建于公元前 250 年，据说是印度孔雀王朝的第三代君主阿育王斥巨资修建的。

当时，阿育王将佛祖释迦牟尼的骨灰分成 8.4 万份，并在全国各地建起 8.4 万座窣堵波保存骨灰。8.4 万座窣堵波中有 8 座位于新德里以南的桑吉村，历经 2000 多年，8 座中仅存 3 座。其中的桑吉窣堵波经过多次扩建，成为现存最早、最大而且最完整的佛塔。

需要提到的是，印度的窣堵波是佛塔的雏形，是用来掩埋佛祖释迦牟尼或其他圣徒的舍利的。据说是一种外形是半圆形的建筑，样子像坟墓，又像倒扣着的饭钵，所以这种造型也叫“覆钵”。之所以选择这种外形，是因为这种外形有象征天穹的寓意，显得非常庄严肃穆。

桑吉窣堵波又称桑吉大塔，是一个半球形、十分独特的坟冢建筑物。它的中央是凸起的覆钵形。这种造型借鉴了古印度北方竹编抹泥的半球形房舍。其庞大的半球形建筑物是用砖砌筑成的，外面抹有一层红色的砂石。这个半球形建筑物直径 32 米，高 12.8 米，坐落在 4.3 米高的台基上。围绕着半球体建筑物，有一圈高 3.3 米的仿木式石栏杆，栏杆外四面各辟有一座砂石塔门牌坊。

牌坊的两面覆满了浮雕，雕刻的内容是佛祖故事和动植物形态展示，此外还有用婆罗门文字雕刻的捐赠者的名单。整个牌坊比例匀称，形式独特而轻快。另外，半球形建筑的圆顶上建了一个方形的亭子，亭上冠戴着

桑吉窣堵波佛塔

3层华盖，这华盖被称为“相轮”。

桑吉窣堵波的象征色彩

桑吉窣堵波的整体建筑完整统一，雄浑古朴，庞大的规模加上砖石砌体的不可动摇的稳定感和重量感，使整个建筑具有很强的纪念意义。

桑吉窣堵波长期以来被看作是佛祖的化身，具有印度教特有的浓郁的象征主义色彩。这种象征意义具体表现在：四座牌坊代表四谛；石栏杆形成的回廊表现轮回教义；圆冢相当于圣殿；半球形建筑顶上的三层华盖的小亭是王权的标志；伞柄象征宇庙的立轴。因此，桑吉窣堵波在笃信佛教的印度人民心目中享有极崇高的地位。

桑吉窣堵波是印度宗教建筑的早期代表。这座建筑把宗教意义与象征意义融为一体，着重表现天与地、建筑与自然之间的密切关系，强调这种无形的力量要远胜于那些单纯的建筑形象美的原则。

印度宗教建筑的特色在桑吉窣堵波中得到了充分体现。随着佛教的广泛传播，桑吉窣堵波的宗教建筑特色也在亚洲广泛流传。中国元代流行的覆钵式喇嘛塔、缅甸的大金塔与泰国的锥形塔等佛教建筑都受到桑吉窣堵波的影响。

印度阿旃陀石窟开凿

阿旃陀石窟是印度古代建筑艺术之集大成者。它是在印度漫长的历史长河中，在绽放出的众多绚丽艺术之花中，最独特的、最壮丽的石窟艺术奇葩。阿旃陀石窟以其高超的建筑艺术及窟内的精美壁画闻名于世，有人认为它是继泰姬陵之后印度的第二大建筑奇迹。

阿旃陀石窟的开凿时期

阿旃陀石窟位于印度马哈拉施特拉邦奥朗加巴德城以北106千米处。在这山幽谷深的盛景中，有一处月牙形的峡谷让人心魂震颤，在峡谷的悬崖峭壁间错落有致地排列着29个石窟，这些石窟就是名扬世界的阿旃陀石窟。作为印度佛教建筑的经典之作，阿旃陀石窟的建筑、石雕和壁画，其高超技艺堪称绝世之作。

“阿旃陀”一词来源于梵文，意思是“无想”“无思”。阿旃陀石窟是印度古代佛教徒开凿出来的佛殿和僧房。相传，石窟始建于公元前2世纪，公元4世纪至6世纪的笈多时期又大规模扩建、修饰，于是增加了很多绚丽多彩的石窟。

阿旃陀石窟开凿于孔雀王朝时期。当时的阿育王将佛教定为国教，虔诚的佛教徒们便开始开凿阿旃陀石窟以敬奉佛祖。阿旃陀石窟的开凿，断断续续地持续了将近1000年，后来便逐渐荒废，消失在历史的迷雾里。印度的历史文献也没有这座石窟的记载。直到638年，中国唐代高僧玄奘来到南印度摩诃剌陀国，他在《大唐西域记》中记载了阿旃陀石窟的全貌，这是截至目前发现的记载阿旃陀石窟的唯一历史文献。

阿旃陀石窟的开凿持续了将近1000年，因而没有总体的设计方案。这些石窟是在不同的时期，依据地理条件开凿出来的。

在阿旃陀石窟开凿的这1000年中，有两个高潮阶段。第一个高潮阶段始于公元前1世纪至公元前2世纪的摩揭陀国孔雀王朝阿育王时期，前后延续了200多年，共完成8号、9号、10号、12号、13号窟及15A窟。

阿旃陀石窟外景

此后，石窟的开凿工作沉寂了近400年。直到4世纪，时值笈多王朝的强盛时期，造窟热潮再度兴起，此次造窟热潮也持续了200多年，直到6世纪末，此次造窟热潮才归于沉寂。

阿旃陀石窟的建筑风采

阿旃陀石窟的29个洞窟分布在河谷南侧陡峭的岩壁上。这些石窟沿瓦格拉河的流向，呈圆弧形排列在长550米、高76米的断崖上，它们距离河面10 ~ 35米。

每个石窟的大小不一，最大可达15.8米。石窟一般是方形的，内部装饰差别很大，有的简单，有的富丽，有的带有门廊。石窟中间部分是由石柱支撑的大厅，正对门最里面的佛龛则供奉着佛像。29个洞窟的建筑风格差异很大，其中编号9的石窟是早期佛殿的代表。它于公元1世纪建成，为小乘佛教的僧舍。

9号石窟在设计之初，就把象征主义的建筑手法运用到了极致。石窟本身代表佛的心灵身体；舍利塔代表佛的涅槃；石窟的拱顶刻上一条条线状石条，代表佛的肋骨。石窟门口两侧的佛像雕刻是后来添加的，故具有大乘佛教的风格。

在石窟门外，当地人会用一块反光板将阳光反射进去，以讨取小费。顺着光线望去，石拱下的覆钵塔时隐时现。

10 号窟和 9 号石窟一样，也同样开凿得很早。10 号窟上雕刻有精美装饰的马蹄形窗户，窟内的一排排柱子支撑着的圆形顶部，形成了独具特色的石窟建筑形态。10 号窟前面有一条山路，直通往小溪而到对面的山头。可能最早来阿旃陀的佛教徒就是从这里攀岩凿洞的。

阿旃陀的佛殿窟，规模最大的是 26 号窟。它内部两层高，顶部为圆筒形。在 26 号窟里，初期里面供奉着纯粹的佛塔，后期在前面刻有佛像。

第 1 窟是 7 世纪所建，是大乘佛教建筑中最光辉的部分。石窟内的正前方是一尊高约 3 米的释迦牟尼石雕像，从中、左、右三个角度看去，能看到佛祖面部欢乐、痛苦和冥想的三种表情。窟中还有几尊大菩萨像，无论在外表，还是内心世界的表现手法上，都达到了炉火纯青的程度。1 号窟的门楣雕镂极为精致，拱门和六根大柱上雕有飞天和仙女。

第 19 窟的建筑艺术水平很高，于 5 世纪左右修建。洞窟的门上有龙王携妻图，庙柱、飞檐、壁龛上有各种雕像，其雕刻工艺之精美、表情之生动，可同中国的敦煌、云冈、龙门石刻媲美。这一石窟为佛教鼎盛时期寺庙建筑的最好代表。

阿旃陀是佛教石窟发源地之一，这里的建筑、壁画不仅艺术价值奇高，而且具有很重要的洞窟建筑的史料价值，对后期的佛教石窟艺术有很大的影响。

阿旃陀石窟入口

仰光大金塔因对佛教敬畏而建

仰光大金塔坐落于仰光市北茵雅湖畔的圣山上，它建成于585年。刚建造完成时，大金塔只有20米高，并不太起眼，但后来历代缅甸当政者出于对佛教的敬畏和崇拜之情，不断加高。如今，仰光大金塔是驰名世界的佛塔，是缅甸国家的象征。

因敬畏佛教多次修缮

15世纪的缅甸德彬瑞体国王对大金塔的修缮做出的贡献最大。他在位期间，对大金塔进行了一次彻底的修缮。在这次修缮中，使用了相当于他和王后体重4倍的金子和大量宝石。

如今的大金塔是阿瑙帕雅王的儿子辛漂信王在1774年修缮完成的。在那次修建中，辛漂信王特意在塔顶安装了新的金伞，这就使得大金塔的高度达到了112米，成为缅甸国内最高的佛塔之一。

仰光大金塔除了塔身高大之外，其底座的面积也非常大，周长达到427米。大金塔的装饰非常精美，塔顶有做工精细的金属罩檐，塔檐上还挂有1065个金子铸造而成的铃子，在金铃的旁边还挂有420个银铃。风吹铃响，清脆悦耳，声传四方。

大金塔的精美装饰还表现在塔顶全部用黄金铸成，上有1260千克重的金属宝伞，塔顶上还镶嵌有7000颗各种罕见的红、蓝宝石，其中一颗钻石重达76克拉，举世闻名。

信徒们为了表达对佛的敬意，都会在塔身上贴金。大金塔的塔身经过信徒们成年累月的贴金，如今上面的黄金已有7000千克重。整座金塔宝光闪烁，雍容华贵，雄伟壮观。

建筑结构

仰光大金塔的东、南、西、北四个方向建有巨大的门，在每个门的前面，与中国寺庙前常有的守门狮子一样，各竖立着一对高大的石狮。

巨大的门内建有长廊式的石阶，通过石阶，可以攀登到塔顶，站在塔顶，可远眺远方的风景。在台阶两旁有精美的装饰，譬如用木、竹、骨、象牙等雕刻的佛像和人像。

仰光大金塔

仰光大金塔的底座是用大理石铺成的平台，平台中央就是大金塔的主塔。在主塔内供奉有坐卧佛像和罗刹像，是用玉石雕刻而成的，雕刻手法非常细腻。主塔的四周还有一些小塔。另外，在主塔上的四角，都有一个较大的牌坊和一座较大的佛殿。

在大金塔的东北角和西北角，各有一口古钟，这两座古钟色彩斑斓，非常漂亮，是1741年和1778年分别由两位在位缅王捐建的。东北角的古钟重约40吨，西北角的古钟重约16吨。缅甸人似乎对西北角的古钟更为看重，认为它代表着吉祥、幸福，只要连续敲打它三下，就会心想事成，如愿以偿。

大金塔的四周还有很多小塔，在漫长的修缮历史中，这些小塔数量达到68座。这些小塔是用木料或石料建成的，和主塔组成了一个有机的整体。这些小塔有的似钟，有的像船，形态各异，非常具有观赏性。

值得一提的是，在仰光大金塔的左方有一座福惠寺，福惠寺是一座原汁原味的中国式庙宇建筑。福惠寺建于中国清朝的光绪年间，经过多年的发展，已经成为大金塔地区古老建筑群体的重要组成部分。它是缅甸当地华侨捐资修建完成的。

1989年9月，缅甸政府对大金塔又进行了一次大规模的修缮，在塔的四面安装了有玻璃窗的电梯，大金塔也因此变得更加宏伟和壮观。

最古老的木造建筑：日本法隆寺

日本法隆寺是世界上现存最古老的木造建筑之一，是日本第一个被列为世界遗产的寺庙。寺内有17栋建筑被列为国宝级建筑，26栋被列为重要文化遗产。

飞鸟文化的产物

法隆寺位于日本奈良县的斑鸠町，所以又名“斑鸠寺”。据传法隆寺是圣德太子为了祈愿神明治愈其父皇的病于601年开建的。圣德太子是日本历史上有名的君王，他信奉佛法，把佛教定为国教。

在圣德太子的倡导下，日本国内很快就出现了弘扬佛法、竞造佛寺的局面，并勃兴出对后世有着重大影响的飞鸟文化。飞鸟文化是日本最早的佛教文化，是日本建筑真正成体系发展的开始，而法隆寺是飞鸟时代艺术成就的杰出代表。

相传百济工匠把中国的佛塔和木结构建筑技术传到日本，并修建了法隆寺。

国宝级建筑的风貌

法隆寺坐北朝南，分东西两院。其布局和结构深受中国南北朝时期建筑的影响。建筑群体浑然一体，不仅注重整体效果，还考虑与环境的自然联系，和谐平衡而又不拘细节，洒脱大方。

寺院大量使用木材作为建筑材料，既是就地取材的原因，也是木结构能满足抗震的需要。西院伽蓝是世界上最古老的木构建筑群。

西区大殿中的青铜佛像，平静如水，闭目养神，露出幸福之意。它们和在中国丝绸之路上发现的佛教艺术风格极为相似。

法隆寺内建于670年的五重塔是日本最古老的佛塔，它是一座重檐四角攒尖顶的木结构建筑，表现出中国唐代建筑的遗风。

建于620年的金堂也称主殿，是法隆寺的本尊圣殿，里面安放着为供

法隆寺

奉 622 年去世的圣德太子而建造的释迦牟尼三尊像。整个佛像呈三角形结构，十分稳定和谐，具体的雕刻更是美轮美奂、栩栩如生。

金堂外部有两层屋顶，看起来好似为两层建筑，但实际上室内只是一层。金堂内壁都饰有壁画，从构图和技巧来说，都是超群绝伦的艺术珍品，代表着当时的最高艺术水平。

法隆寺内还有一处日本最古老的八角形建筑，这就是建于 739 年的梦殿。这是日本最古老的八角圆堂。殿中央是用花岗岩建筑的八角形佛坛，屋顶上镶嵌着漂亮华贵的宝珠。在这座高雅的八角形建筑中有一座隐身雕像，这是圣德太子的立像。

中宫寺是紧挨着梦殿的一个小尼寺，环境简单、朴素，寺内的如意轮观音像被誉为奈良雕刻的登峰之作。

在金堂和五重塔后面是大讲堂，这里是寺僧学习佛教和做佛事的地方。

670 年法隆寺遭受重大火灾，损失惨重，寺院和塔堂悉数被烧毁。现在巍然挺立千年的法隆寺是在 7 世纪末至 8 世纪完全依照原样仿建的。圣德太子建造的原址现存的只有一小部分，叫作“若草伽蓝址”。这些建筑采用了中国六朝建筑式样。

重新发现印尼婆罗浮屠

印度尼西亚的婆罗浮屠是9世纪时最大的佛教建筑物。后来因为火山爆发，导致这座佛教建筑物下沉，隐盖于茂密的热带丛林中近千年而不为人知。直到400年之后的1814年，婆罗浮屠才被欧洲人从浓密的树木下的火山泥中发掘出来。

佛塔是实心的

婆罗浮屠是实心的，梵语的意思是“山顶的佛寺”。婆罗浮屠是印度尼西亚的一座由100多万块火山岩石块砌成的高大的寺庙建筑。令人惊奇的是，这座佛寺的佛塔是实心的，没有梁柱和门窗。遗憾的是，经过岁月的洗礼，佛塔的地基已大幅下沉，高度也从42米下降到31.5米。据考证，修建这座佛寺共动用了几十万工人，费时70 ~ 80年。

婆罗浮屠是作为一整座大佛塔进行建造的，这座大佛塔分为塔基、塔身和塔顶三部分。塔基是一个正方形，边长约118米。塔身共九层，下面的六层（包括塔底在内）是正方形，上面三层是圆形。塔身高4米，由下而上逐层缩小。圆形塔顶是整座佛塔的最高处，离地35米。

佛塔的建筑材料取自附近河流的石料。这些石料被切成合适的大小，由人工手工运至建筑地点。佛塔完工之后，工匠们还在佛塔的外面刻上了浮雕。

佛塔建有良好的排水系统。为防积水，每个角上都有排水孔，整座佛塔共有100个这样的排水孔。

婆罗浮屠声名远扬，不仅因为它的规模宏大，而且其各个部分都具有宗教象征意义。

婆罗浮屠佛塔由塔底、五层塔身和三个圆台组成的塔顶组成。塔底、塔身和塔顶三个部分分别象征三个世界——地狱、人间和天堂。从各个方向都能看到这座佛塔的顶端，这象征着信徒在漫漫人生旅途中，通过修行，最终获得正觉和拯救。

婆罗浮屠

事实上，婆罗浮屠佛塔本身就象征着一条通往智慧的道路，代表着佛教的宇宙观念。

佛塔沉寂了四百多年

10 世纪之后，印度教传到印度尼西亚。13 世纪初，伊斯兰教成了印尼人的主要信仰。前有印度教的侵蚀，后有伊斯兰教的夹击，印尼的佛教逐渐衰落。

火山终于爆发，火山灰把这座婆罗浮屠完全掩埋。这个神奇的建筑后来悄无声息地消失了。随着印尼人主流信仰的改变和佛教的衰落，婆罗浮屠逐渐被人荒弃。

1814 年，在地下沉寂 400 年之后，婆罗浮屠才被欧洲人从浓密的树木下的火山泥中发掘出来。从那之后，人们开始修复佛塔。经过了整整一个世纪的修缮，它才重新放射出瑰丽的佛教艺术的光辉。

缅甸蒲甘王朝崇尚佛教建佛塔

阿奴律陀国王统一了缅甸后，崇尚佛教，并以小乘佛教为国教。蒲甘王朝一共建造的寺庙有3000余座，后人粗略统计，当时建造的佛塔的数量超过了蒲甘王朝居民的数量。如今蒲甘王朝建造的寺庙尚留存了100余座。

大造佛塔

1044年，阿奴律陀国王统一了缅甸，建立了一个统一的多民族政权，该政权以蒲甘为首都，故名蒲甘王朝。蒲甘王朝崇尚佛教，以小乘佛教为国教，因而在蒲甘王朝主政缅甸的240年的时间内大兴土木，营建了大量佛塔、佛寺。

蒲甘王朝一共建造的寺庙有3000余座，后人粗略统计，当时建造佛塔的数量超过了蒲甘王朝居民的数量。如今蒲甘王朝建造的寺庙尚留存了100余座。

蒲甘王朝的佛塔建造分为三个时期，每个时期建造佛塔的风格都不相同，都具有各自的特色。

佛塔建造的早期，主要指850年至1120年。从850年到1044年，这段时期建造的佛塔深受印度佛窟建筑的影响，基本上是印度佛窟的复制，并没有缅甸本土特色。到了1044年后，蒲甘王朝全面统一了缅甸国境，缅甸南部直通王国的很多孟族工匠被蒲甘王朝的阿奴律陀国王俘虏，这些工匠为蒲甘王朝修建了很多孟族特色的佛塔。从1044年至1120年，蒲甘王朝的佛塔具有印度本土佛窟建筑风格与孟族建筑风格交融的特点。

佛塔修建的中期，主要指1120年到1170年。这段时期，缅甸的佛塔风格再一次改变，其主要原因是1113年阿隆悉都王登基，在其影响下，蒲甘佛塔的建筑风格进入了过渡时期。这时期的佛塔建筑具有三个特色：

一是佛塔所在寺庙的门厅不再采用灰暗的小门，取而代之的是宽敞的大门，而且佛塔上雕刻的铭文也不再使用孟族的文字，而采用缅甸文。

二是这些佛塔变矮了，有些佛塔只有两层，甚至有些佛塔仅仅只有一层。

瑞喜宫佛塔

三是这时期的一些佛塔因为受到印度菩提迦耶寺的影响，采用了菩提迦耶寺所采用的埃及金字塔式的小尖顶样式。

佛塔建造的晚期，主要指1174年至1300年。这时期的佛塔又变高了，出现了多层数的佛塔。总而言之，这时期的佛塔变得十分高大，塔顶往往高耸入云。

瑞喜宫佛塔

瑞喜宫佛塔是蒲甘王朝建造的佛塔中最为古老的一座，于1031年开始建造。当时主持建造此佛塔的是国王阿奴律陀，他死后，这座佛塔还没有建造完，他的儿子江喜陀王即位后，继续主持建造这座佛塔，最终于1090年建造完成。

瑞喜宫佛塔完全由巨大的石头砌成，塔高50米，非常高大。瑞喜宫佛塔具有蒲甘早期佛塔的特点，是蒲甘早期佛塔的代表。这座佛塔的塔顶高耸，塔身四周有很多小塔和亭台装饰，塔顶上也有精美的装饰，看上去非常富丽堂皇。

瑞喜宫佛塔的塔内，四面都雕刻有姿态各异的佛像，这些佛像的材质是柚木，非常耐腐蚀，能够保存很长时间。

另外，瑞喜宫佛塔的塔内外基壁上都镶嵌有釉陶画，塔内基壁上镶嵌的釉陶画内容是佛本生的故事，塔内基壁上镶嵌的釉陶画上画的是动物的形象。这些釉陶画的制造技艺非常高超，集中体现了古代缅甸的建筑工艺和技艺。

阿难陀塔

阿难陀佛塔

阿难陀塔是蒲甘王朝的重要佛塔，坐落于阿难达寺内，阿难达寺因为这座佛塔而著名。为了凸显阿难陀塔的重要性，阿难陀塔被修建在阿难达寺的正中间。

阿难陀塔修建于1091年，属于蒲甘王朝早期佛塔类型。和许多蒲甘王朝早期佛塔一样，阿难陀塔非常高大，高达50米。除此以外，阿难陀塔还具有蒲甘王朝早期佛塔的另一个特点，那就是其建筑风格中掺杂着印度风格，阿难陀塔塔底的基座就是一座四方形的印度大佛窟。

在这四方形基座的四面，都开有大拱门，在拱门内还各有一尊近10米高的立佛，非常雄伟。另外，在大佛窟和塔基的外壁上，也雕刻浮雕，而且数量非常大，达到1183个，浮雕的内容反映的是佛教的故事。

阿难陀塔因为形体高大，其塔尖直入云霄，又因为塔尖遍体涂满金色，在阳光的照射下，金光闪闪，非常夺目。这样的设计，其实是为了显示佛法的伟大。

阿难陀塔主塔四周还环绕着很多小塔、佛像，以及各种动物、怪兽的塑像，它们和主塔形成了一个有机的统一体，整体线条很流畅。另外，在这些较小的建筑物的映衬下，阿难陀塔显得更加高大。

总而言之，阿难陀塔整座塔雄伟壮观，显示出古代缅甸蒲甘王国时期建筑工艺的精湛。阿难陀塔是一座集中了缅甸古代建筑技艺之精华的伟大建筑，是缅甸佛寺建筑的活化石，具有非常重要的建筑学研究意义。

印尼受印度佛教影响建筑庙宇

在印度尼西亚的历史上，印度文化对其影响很大，尤其是印度的佛教文化，印度尼西亚也因此建造了很多庙宇建筑。印尼庙宇建筑的杰出代表有巴厘岛象窟寺庙、布沙基寺。

庙宇的重要地位

庙宇是印尼人祭祀祈祷和与神灵沟通的场所。庙宇在印尼语中是“坎蒂”。“坎蒂”并不特指庙宇，而是泛指印尼的一切古代建筑。由此可见，庙宇在印尼古代历史上数量是十分多的。

印尼的每一座庙宇，乃至每一座佛塔，都具有独特的风格。这一点和中国庙宇结构大同小异、千篇一律的情况不相同。印尼庙宇的建筑价值主要体现在外观装饰和围墙的雕刻上。这些建筑艺术主要来自印尼娴熟的工匠之手，他们的灵感来源于对佛教、印度教和大自然的领悟。

巴厘岛象窟寺庙

象窟寺庙是印尼巴厘岛唯一的石窟寺院遗址，始建于 11 世纪，1923 年被荷兰考古学家发现。

巴厘岛没有大象，此寺庙却叫象窟，其名称来源众说纷纭。有人认为如此命名，是因为窟内供奉着象头的智慧神；还有人说之所以叫象窟，是因为巴厘岛有一条象河的缘故；也有人认为之所以叫象窟，是因为象窟寺庙入口处的守门雕塑形似象头。

象窟寺庙包括三部分：象窟本身、圣泉池及其他佛教亭阁。

象窟本身是象窟寺庙的主题建筑，是昔日佛教高僧修行之地。象窟的洞窟，被考古学家认为是佛教高僧睡觉的地方。洞穴内还有利用山体岩石雕刻的石头雕像。

圣泉池是一座印度式露天浴池，圣泉池的两边各有三座少女雕像。

象窟寺庙这座印尼古代建筑，综合反映了印尼巴厘岛人民对大自然的敬畏，以及对佛教与印度教的虔诚信仰。

巴厘岛象窟寺庙

布沙基寺

布沙基寺是巴厘岛的第一神庙，位于巴厘岛东北方阿贡山的山坡上。布沙基寺主要供奉的是印度教的三位主神大梵天、大自在天和妙毗天。布沙基寺至少有两千多年的历史，长久以来一直是僧侣冥想及修身养性之地。

布沙基寺并不是一座庙宇，而是由三十间庙宇综合组成。这些庙宇大多都建造在人造的高台上，各座庙宇之间以台阶连接在一起，构成了一个有机的整体。

这些庙宇的主体建筑是供奉印度教三位主神的塔。这些塔不同于佛塔，呈方形，木结构，有多层，从小到大逐步缩小。这些印度教的塔是巴厘岛最有特色的木塔。

这些庙宇都修有漂亮的围墙，入口处设置有庙门。庙门一般采用对开的形式，肃穆而别致，其样子就像印度教的塔祠切开一样，左右两扇门完全分开。

整个布沙基寺最重要的庙是帕那塔蓝阿贡庙。它建在高高的台阶上，因为在它的正殿供奉着印度教的三位主神，从而备受信徒膜拜。帕那塔蓝阿贡庙当中有一条长长的石阶，这条石阶可以通往高不可及的山门。石阶旁边都雕刻有精美的雕塑，描述的是《摩诃婆罗多》中战争的双方，即班达瓦与卡拉瓦两大阵营。

值得注意的是，布沙基寺的这些寺庙并非印度教的庙宇形态，其结构形式反而更加接近于巴厘岛古老的巨石神庙。

南印度君主修建坦贾武尔神庙

坦贾武尔神庙不仅是一座宗教圣殿，也是朱罗王朝的一座历史、文学、艺术和建筑的纪念碑，堪称朱罗王朝时期南印度和东南亚寺庙建筑的典范。

神庙的规格

罗阇罗阇一世是印度朱罗泰米尔王朝最伟大的君主，他因为建造了坦贾武尔神庙而留名青史。在他建立或修复的 50 个圣殿中，坦贾武尔神庙是最雄伟的。始于默哈伯利布勒姆的石造寺庙建筑艺术，在这里达到顶峰。

坦贾武尔神庙位于印度东南部的泰米尔纳德邦，建于 1000—1010 年。

指导南印度神庙建筑的规则是特别严格的。譬如修建庙宇的材料只能是石头，要依据宗教教派的类别来决定圣殿的形状、布局和建筑式样等。这些原则记载在《阿含纪》《瓦斯图》和《工巧论》等著述中。

按照这一套规则，坦贾武尔神庙最终选择在泰米尔纳德邦兴建。选定了庙址后，选择神庙的方位就显得非常重要了，坦贾武尔神庙坐西朝东。

经过长达 10 年的修建，坦贾武尔神庙终于修建完成。整个神庙都是用花岗岩建造的，大部分材料是大型石块，这使得神庙看起来十分威武，而且坚固耐久。

神庙的结构

神庙分内外两层院落，三座门廊把内院与外院分开。第一座门廊建于 15 ～ 17 世纪，后面两座建于 11 世纪，是朱罗建筑风格。神庙的内院有一圈回廊环绕着，这个回廊长 240 米、宽 120 米。在它的外侧，是用砖墙围成的外院。

神庙的内院内有一座将近 6 米长的雕刻卧像，这是湿婆神的坐骑的像。在内院的至圣之所，供奉着林伽，那是湿婆神的生殖器形象。在林伽的上方高耸着一座高 66 米、13 层的天宫大宝塔。这个建筑物是朱罗艺术的一

坦贾武尔神庙

件杰作，装饰十分精细，塔顶上还饰有 8 匹公牛。

神庙的主殿是内院内最主要的建筑，是一座满是壁画、雕刻和雕带的辉煌的圣殿。主殿的内墙上刻满了铭文，记载了当时社会、历史、军事史、经济、行政管理、艺术和手工艺的发展情况。墙上还刻着国王和他姐姐赠送的礼物清单，而国王的妻妾、侍从和官吏们赠送的礼物清单则一一列在神龛和寺庙的柱子上。主殿周围有一组保护性的小神殿。

神庙的外院周围有两个矩形附属物：一个是用花岗岩和砖砌成的 13 层金字塔式的塔楼；另一个是顶部有一个球茎形状雕塑的巨石塔。

罗阇罗阇国王把坦贾武尔神庙变成了他那个时代城市与农村生活的中心。神庙是一座宗教圣殿，同时，也是朱罗泰米尔王朝的一座历史、文学、艺术和建筑的纪念碑。

柬埔寨吴哥王朝建造吴哥窟

吴哥窟是吴哥文明的典型代表，以建筑宏伟与浮雕细致闻名于世，堪称世界级历史文化瑰宝。它与中国的长城、埃及的金字塔和印度尼西亚的婆罗浮屠并称为古代“东方四大建筑奇迹”。

极盛时期的经典之作

柬埔寨是东南亚历史上最悠久的国家之一，建国于 1 世纪后半叶。9 ~ 14 世纪的吴哥王朝，是柬埔寨最为强盛的时期，吴哥王朝创造了举世闻名的吴哥文明。

吴哥窟又称吴哥寺，位于吴哥王城的南郊，占地达 2 平方千米。吴哥窟由国王苏耶跋摩二世（1113—1150）在位时开始建造，直到阇耶跋摩七世（1181—约 1219）即位后才完工。吴哥窟不仅仅是一个宗教圣地，还是吴哥王国的首都。国王生前将吴哥窟作为自己的寝宫，死后又将这里作为自己的寝陵。

吴哥窟是吴哥王朝极盛时期的经典建筑作品。

吴哥王朝能够建成如此规模宏大的建筑群，是因为吴哥王朝统治的柬埔寨是当时科学文化高度发达的大国。在地理位置上，柬埔寨处于中国、印度、东罗马 3 个文明古国的中心位置，是这 3 个文明古国之间经济和文化交流的桥梁，加之柬埔寨当地物产丰富，农作物都是一年三熟、一年四熟，所以吴哥王朝有财力和能力建造吴哥窟。

完美的建筑设计

吴哥窟的主殿建于 3 层台基之上，约有 20 层楼高，台上建有 5 座尖塔，中央主塔高出地面 65.5 米。

在第二层平台的四角，各有 1 座小宝塔。绕平台四周又是一个回廊，里面摆满了神像。在塔体的四面及石柱、门楼上，刻有许多仙女及莲花蓓

吴哥窟全景

蕾形装饰。这些人物浮雕造型各异，有的拈花微笑，显得雍容华贵；有的翩翩起舞，姿态优美。

第三层平台中央耸立着高约70米的主塔，与第二层平台的4个小宝塔组成闻名遐迩的吴哥寺五塔。主塔塔基稳重厚实，塔身飘逸空灵，自下而上越来越细，高耸的塔尖直刺苍穹。

吴哥窟3层平台错落有致，5座宝塔遥相呼应，寺内楼阁重叠，四周林木环绕，建筑与周围环境融为一体。

吴哥窟里供奉着一个四方石台，石台中间有一截圆头的石柱。这个圆头的石柱就是男根的写照。附近有一个方形的石容器，是女阴的象征，这就是印度教中崇高而伟大的神祇——林伽。

朝拜者及香客常常将清水淋到这石雕的男根上，让水流到石容器中，盈满女阴，祈祷世俗生活将更加美满并繁衍出更多的后代。

吴哥窟的浮雕闻名于世。在主殿周围的底层平台上，环绕着长达800米、高约2米的精美浮雕长廊，据说它是世界上最长的浮雕长廊。浮雕的题材取自印度两大史诗《罗摩衍那》《摩诃婆罗多》。

吴哥窟内还保存了几组巨大的浮雕图。浮雕描绘了印度史诗《拉玛亚那》中记载的拉玛寻找被恶魔掠夺了妻子的故事，还描述了天堂和地狱的场景，预示着好人升天、坏人下地狱的佛教思想。另外，浮雕的内容还包括国王与他的宫院的描述、阅兵的图案等。

神奇的建筑构造

吴哥窟的建筑并没有使用任何水泥或灰浆，只是把一块块平整的巨石整齐地排列或叠加在一起，但令人奇怪的是，巨石中间竟然没有任何缝隙，完全依靠巨石的重量和平整程度来使它们紧密结合。

要达到如此紧密的程度，需要以丰富的数学和物理知识为基础的精确计算，由此可见吴哥文明建筑工艺之高超。吴哥寺的建筑坚固、稳定，却没有使用任何水泥或灰浆，这在世界建筑史上都是一个奇迹。

吴哥窟建筑的内部建有合理、完备的排水系统。从建筑物的顶部到底部，以及寺庙各部分都建了明暗通道、纵横交错的排水管道。这套排水系统将雨水引至寺内四个大蓄水池，供祭祀者在朝拜之前洁身之用，可谓一举两得。

重新发现的建筑奇迹

吴哥窟近景

吴哥文明的建筑之精美令人望之兴叹，然而在 15 世纪初，吴哥地区突然人去城空。在此后的几个世纪里，吴哥地区变成了树木和杂草丛生的林莽与荒原，直到 1861 年生物学家穆奥重新发现了这一建筑奇迹。

令人费解的是，穆奥发现这个遗迹以前，连柬埔寨当地的居民对此都一无所知。吴哥文明为何一下子就中断了，众说纷纭，如今已成一个无法解开的谜团。

尼泊尔玛拉王朝兴建庙宇

玛拉王朝建造的寺庙、宫殿等建筑使用的材料都是砖块和石头。而且建造这些寺庙、宫殿的工匠多来自尼泊尔的尼瓦尔族。尼瓦尔族工匠精心打造的这些建筑物，不仅是尼泊尔人的居住空间，也是尼泊尔人的精神空间。

王朝建庙知多少

玛拉王朝是尼泊尔历史上的重要王朝。在玛拉王朝时期，尼泊尔修建了大批庙宇、佛塔、神龛和殿堂，其数量非常多，有“庙宇多如住宅，佛像多如居民”之说。

玛拉王朝的这些建筑，基本上可以分为两个形态，一种是佛教寺庙建筑，另一种是印度教寺庙建筑。

其实，早在玛拉王朝之前，尼泊尔就建造了很多著名的建筑，如斯瓦扬布寺。由于玛拉王朝的建立，又大大促进了尼泊尔建筑的发展。

在玛拉王朝时期的著名建筑中，有塔莱珠女神庙、库姆西斯瓦寺塔、巴坦王宫、55 扇宫、尼阿塔波拉塔、黑天神庙等。

斯瓦扬布寺

斯瓦扬布寺建于 3 世纪，位于加德满都市西，是尼泊尔最古老的佛教寺庙。斯瓦扬布寺的主要建筑是建立在山顶的大佛塔。

大佛塔是一座巨型舍利塔，平面呈四边形，拥有一个白色的巨大穹窿形屋顶，屋顶的上方有一个方形基座。基座的四周绘有四对眼睛，传说这是“佛眼”，可以看清楚世间的真假是非。

方形基座的上方竖立着一座很高的锥形塔，塔锥为 13 层阶梯，锥形塔顶部为一尖形塔冠。锥形塔上面装饰有铜片和金箔，在阳光的照耀下，闪闪发光，增加了大佛塔的神秘感。

斯瓦扬布寺是尼泊尔同类寺院中年代最久远的一座，斯瓦扬布寺的大

斯瓦扬布寺

佛塔是世界上最大的佛塔。

塔莱珠女神庙

塔莱珠女神庙位于尼泊尔首都加德满都，由玛拉王朝皇家所建，建于1549年，是加德满都最高的寺庙建筑。塔莱珠女神庙还是一座具有典型的尼泊尔建筑风格的寺庙建筑，该女神庙具有尼泊尔建筑特有的绚丽风格。

塔莱珠女神庙的台基高达12层，其中第8层最宽，下面8层台基没有装饰物，第8层以上的台基四周立有雄狮、怪兽和力士石雕。塔莱珠女神庙就建在第8层台基上。塔莱珠女神庙在东西南北四面建有四个入口，其中南面的入口为神庙的正门，被称为金门。

在金门的门楣上，安放着塔莱珠女神，这也是塔莱珠女神庙名称的由来。这位塔莱珠女神仪态端庄，身材健美，手中握有剑、戟、棒、环等多种武器。

因为玛拉王朝对塔莱珠女神非常尊崇，所以他们把塔莱珠女神庙建造得比一般寺庙高大，高达40多米。

尼阿塔波拉塔

尼阿塔波拉塔建于 1708 年，位于尼泊尔巴德冈。尼阿塔波拉塔是一座印度教寺庙建筑，里面供奉的是“成就吉祥天女”。为了表达对天女的崇敬，建筑师在塔内的 108 根木柱上雕刻着天女的各种化身。

尼阿塔波拉塔拥有五重屋顶和方形基座，基座分为五层，每层基座的石阶两旁都立有一对威严的石雕像。

据尼阿塔波拉塔基石上的铭文记载，当时的玛拉王国的国王曾亲自背运砖石建塔。所以，在国王精神的感召下，工匠们将尼阿塔波拉塔修建得非常壮观。尼阿塔波拉塔无论是木雕还是铜饰、图案，都非常精细。

尼阿塔波拉塔高约 36 米，是尼泊尔全国最高的印度教寺庙建筑。

朝鲜王朝时期抑佛重儒建新宫

朝鲜王朝时期，即1392年至1910年，受中国的影响，佛教备受冷落，而儒家思想在朝鲜兴盛起来。统治阶级也执行抑佛重儒的政策，于是儒家的祠堂以及各种儒家书院的建筑发展起来。此时期朝鲜的建筑主要是木结构，主要建筑有昌庆宫、宗庙和昌德宫。

昌庆宫

昌庆宫是朝鲜王朝第4代君王世宗大王为其父太宗所建的别宫，建于1484年。昌庆宫这座建筑群很有特色，其中的弘化门与正殿明政殿显示了当时建筑艺术崇尚华美的风格。

昌庆宫正门是弘化门。弘化门屋顶从两边观看时，呈梯子貌，为17世纪初期木结构建筑。通过此门便见到玉川桥。朝鲜的宫殿效仿中国的宫殿，在正门后有一条小河，河上总是有一座拱形桥，玉川桥便是如此设置的拱形桥。它拥有其他宫殿无法比拟的优美。

昌庆宫

穿过玉川桥，经过明政门，便到达朝鲜王朝国王办公的明政殿。

明政殿是昌庆宫的正殿，不同于其他宫殿，明政殿是朝北而不是朝南的。之所以如此设置，是因为明政殿的南侧埋着朝鲜王朝先王的宗庙，根据儒家思想，宫殿是不能朝宗庙方向开门的。

通明殿是昌庆宫中最大的内殿，是大妃的住处，也是内宫权力斗争的中心。在这座内殿里，曾发生过很多历史事件和传说故事。

在昌庆宫内，还有观天台，这是韩国古代观测风雨的地方。

在昌庆宫的北边还有一个叫春塘池的大池子。这座大池子内有一半是水田，朝鲜国王在每年开春的时候会在此耕田以体察农情。在日本占领时期，水田被毁，全部建成池塘，成为日本侵略者们泛舟嬉水的地方。

宗庙

宗庙位于首尔市钟路区勋井洞，包括正殿和永宁殿等建筑物。

宗庙建于 1396 年，在朝鲜王朝迁都时建成，后来历代都曾扩建。宗庙是祭祀朝鲜王朝的历代王和王妃的祠堂。在宗庙内，皇室祖先的神殿铭记着朝鲜王朝历代国王及王后。

和复杂又华丽的中国太庙相比，韩国宗庙的特点是正面很长，装饰简单，色调很少。之所以如此安排，是因为建造者遵循的是儒家的简朴精神。

在建筑布置上，宗庙没有统一的中轴线，依自然地势而建，建筑很巧妙地利用位次秩序和节制的概念，成功地做到了整体的统一性。

宗庙内的永宁殿建于 1421 年，属于宗庙的偏殿，位于宗庙的西边。由于和宗庙在一个院内，所以李氏王朝在建造时，没有大张旗鼓地装饰，反而故意将形式简单化，以免抢了宗庙的风头。

昌德宫

昌德宫始建于朝鲜王朝永乐三年（1405），位于首尔北岳山东麓，取名“昌德宫”是“勉人君昌德”之意。昌德宫初建时设有正殿、报平厅、便殿、正寝厅等建筑，后又增设楼阁、寝殿、石桥、敦化门、仁政殿等建筑。

昌德宫是朝鲜半岛上的一座中国式宫殿，在建造时依据了中国《周礼》的礼制，具有宫苑结合的独特性。昌德宫的建造完全按照自然地形，自西南向东北依次排列正殿仁政殿、便殿宣政殿、寝殿熙政堂、中殿大造殿等建筑。昌德宫是朝鲜王朝最具有自然风貌的宫殿之一。

昌德宫目前保存 13 座建筑，这些建筑主要分为外朝、治朝、燕朝和后苑四个部分。外朝为大臣值班和从政的地方；治朝则以仁政殿和宣政殿为中心，这里是昌德宫最具建筑学价值的部分；燕朝以熙政堂和大造殿为中心，是朝鲜王朝国王的起居生活的场所；后苑是昌德宫的后花园，占了昌德宫总面积的四分之三。

昌德宫

正门敦化门是昌德宫最重要的建筑之一，木结构，是首尔最古老的宫门。

仁政殿是昌德宫的正殿，是朝鲜国王处理国事的地点。仁政殿高大庄严，殿内装饰华丽，设有朝鲜国王的御座。殿前有花岗石铺地和三面环廊等附属建筑。

宣政殿是朝鲜国王会见大臣，商讨、处理日常朝廷政务的地点，拥有东西两个别室，分别是昭德堂和宝庆堂。

熙政堂是国王寝殿。1483 年被火焚毁，1496 年重建，后又发生两次火灾。重建的熙政堂并没有按照原样修建，而是在日本侵略者的主持下，在殿内铺设了现代建筑常用的木地板、地毯、玻璃窗和吊灯。

大造殿是朝鲜王妃的寝殿。大造殿的东寝室为丽日殿，西寝室为净月殿，东别室为凝福亭，西别室为玉华堂。1917 年被烧毁，后重建。重建所用的材料拆自景福宫康宁殿。

后苑是昌德宫的后花园，在朝鲜壬辰倭乱时被全部毁坏，后重建。后苑分为后园、北园、北苑、禁苑四部分，内有多座亭阁，并有荷塘和 2600 多棵几百种不同的树木。后苑是朝鲜国王和王妃的私密游所，也被称为“禁苑”或“内苑”。秋天枫叶变红的时候，昌德宫后苑的景色十分美丽。

泰国举国因佛建寺

泰国素有“佛国”之称，泰国共有佛寺 3 万余处，金碧辉煌的佛寺是泰国最为显著的标志。泰国国内最具有建筑特色的佛寺有柴迪隆寺、卧佛寺和玉佛寺。

因佛建寺

泰国素有“佛国”之称，佛教文化十分发达。在泰国的艺术中，佛教是一个抹不去的因素，所以说，泰国的建筑深受佛教的影响。佛教对泰国建筑的影响主要体现在佛寺与佛塔的建造上。据说，泰国共有佛寺 3 万余处，仅曼谷一地就 500 多处，可谓遍地是佛寺。金碧辉煌的佛寺是泰国最为显著的标志。

典型的泰国寺庙，一般由两部分构成，分别是僧舍与大殿。除此以外，一些寺庙里还建有戒堂、佛塔、藏经室等。

在历史上，泰国的都城一直都是寺庙最为集中的地区。泰国的都城一直在南迁，从清迈、大城一直迁到现在的曼谷，就这样，泰国就逐渐形成了分别以清迈、大城和曼谷为中心的寺庙建筑群。

泰国国内著名的佛寺有柴迪隆寺、卧佛寺和玉佛寺。

柴迪隆寺

“柴迪隆”在泰文中的意思是“大塔”，柴迪隆寺的名称源自寺庙中央的那座兰纳式四方形大佛塔。柴迪隆寺建造于 1411 年，是由兰纳王国萨孟玛王兴建的，兴建的目的是供奉兰纳王国萨孟玛王的骨灰，因此柴迪隆寺也被称为“隆圣骨寺”。但是兰纳王国一直政局不稳，柴迪隆寺的修建也受其影响，时断时续，一直到提洛卡拉王（1441—1487）当政时期才最终完工。

柴迪隆寺的地位非常崇高，深受泰国信众的崇敬。柴迪隆寺的中部大佛塔是该寺主体建筑。这座大佛塔融合了兰纳、印度、斯里兰卡多种风格，

柴迪隆寺

非常具有建筑学的研究价值。后来，这座大佛塔经过历朝历代的屡次增建，不断增高，最终形成了高达 90 米的超高佛塔。据说站在大佛塔的塔顶，可以看到一千里之外的景色。

卧佛寺

卧佛寺是泰国最古老的寺庙之一。卧佛寺建造于泰国艾尤塔雅时代的 1793 年，后来经过几次重建，成为泰国最大的寺庙。卧佛寺之所以闻名，在于庙内供奉着世界上最大的卧佛。这尊卧佛的高度达到 15 米，长度达到 46 米。卧佛每只脚的脚底就长达 5 米，在脚底上还刻有佛像 108 个，雕刻手法非常精到。

卧佛寺的卧佛右手托头，全身侧卧，悠然于佛坛之上，姿态的塑造非常自然流畅，表现出了当时建筑施工人员高超的技术水平。卧佛寺的殿堂四壁还装饰有描写佛祖生平的巨型壁画，壁画表现出的绘画技巧也非常高超。

如今卧佛寺已是曼谷最大、最古老的寺院了。

泰国玉佛寺

玉佛寺

泰国玉佛寺建造于 1784 年，位于曼谷大王宫的东北角，是泰国最著名的佛寺，也是泰国三大国宝之一。玉佛寺因寺内供奉着玉佛而得名，是泰国皇族供奉玉佛像与举行宗教仪式的场所。

玉佛寺位于泰国大王宫内，是大王宫的一部分。玉佛寺的整体建筑宏伟壮观，几乎集中了泰国各佛寺的建筑特点。寺内有玉佛殿、先王殿、佛骨殿、藏经阁、钟楼和金塔。

玉佛殿是玉佛寺的主体建筑，大殿内雕梁画栋、金碧辉煌，玉佛像就供奉在大殿正中的神龛里。玉佛高 66 厘米，宽 48 厘米，是由一整块碧玉雕刻而成。玉佛殿的前后殿门外共有 6 只守门铜狮，这些铜狮张口挺胸，塑造得十分传神。

韩国海印寺及其藏经版殿

海印寺是韩国最著名的佛寺，其藏经版殿在海印寺的伽蓝布局上，与大寂光殿同位于中轴线上。其木结构建筑形式属早期朝鲜传统建筑风格。藏经版殿不仅以其建筑优美著称，尤其令人称奇的是，该建筑没有特殊的通风设备，却保持良好的通风状况。

弘扬华严宗修建海印寺

海印寺位于庆尚南道伽耶山，是韩国三大佛寺之一。它是由新罗时期的高僧义湘大师的弟子顺应法师和理贞法师，为弘扬华严宗于公元 802 年筹资修建的道场。华严宗的根本经典是《华严经》，在“贤首菩萨品”中有“海印三昧”之名。海印寺因此得名。

海印寺后因多次遭受火灾，除幢千支柱和石塔，大部分被烧毁。李朝末年重建，主要建筑有一柱门、凤凰门、解脱塔、九光楼、冥府殿、大寂光殿、法宝殿、藏经阁等 40 多座雄伟精美的古建筑。寺内的墙壁上绘有李朝时代的风俗画，还有石塔、玉灯、塔香炉等 30 多件文物。

海印寺藏经版殿

海印寺藏经版殿是保管 13 世纪制作的 8 万多张世界级文化遗产高丽大藏经版的宝库，是海印寺现存建筑中最古老的建筑。

藏经版殿按南北方向并行排列两座大规模建筑。藏经版殿南面的建筑为修多罗庄，北面的建筑为法宝殿，东面和西面各有一座小规模的东、西寺刊版殿（侧殿）。

藏经板殿修建于 1488 年，采用了精湛的科学技术，增强通风、防湿效果，以防木材经板腐蚀。藏经板殿建在海印寺高度最高的海拔 700 米处。四座建筑相对围建，呈长方形，通风效果极好。

因伽倻山的地理特性，从溪谷吹来的风可起到自然通风的效果。尤其

海印寺建筑群

是，墙壁上下面和建筑物前后面的格子窗大小不同，可使空气进入室内后上下循环再排出室外。该格子窗使得空气自然循环、室内温度自行保持，显示出优秀的科学建筑技术。

修建地板时，还深挖地面后撒了木炭、黏土、沙子、盐及石灰等，可发挥雨多吸湿，干旱加湿的作用。

藏经板殿采用简洁的方式进行了处理，只具备了作为版殿所需要的功能，而没有进行任何装饰，前后面窗户的位置和大小互不相同。良好的通风、防潮效果，保持室内的合理温度，版架的陈列装置等都非常科学，这一点被认为是藏经版殿能够完整地保存到今天的重要原因之一。

海印寺藏经版殿被指定为第 52 号国宝进行管理，1995 年 12 月海印寺藏经版殿被联合国教科文组织指定为世界文化遗产。

曼谷大皇宫和皇太后行宫

曼谷王朝开国君主拉玛一世打败入侵者后建成宏大的大皇宫建筑群。19世纪起，泰国因为沦为半殖民地国家，其建筑样式也吸收了很多西欧建筑的风格，呈现出多样化特色。曼谷大皇宫、皇太后行宫是泰国的代表性古建筑。

建筑曼谷大皇宫

大皇宫紧邻湄南河，是曼谷中心一处大规模古建筑群，共有古建筑28座，总面积0.22平方千米。

曼谷王朝开国君主拉玛一世打败了入侵的缅甸军队后，于1782年把都城迁至湄南河东岸的曼谷。曼谷这个小渔村经过不断扩建，终于建成规模宏大的大皇宫建筑群。

大皇宫是仿照故都大城的旧皇宫建造的。大皇宫是泰国诸多王宫中，规模最大、最富有泰族特色的王宫。泰国曼谷王朝的拉玛一世到拉玛八世，均居住于大皇宫内。

大皇宫建筑群布局合理，建筑技艺高超，汇集了绘画、雕刻和装饰艺术的精华，被称为“泰国艺术大全”。就其建筑艺术而言，其风格具有鲜明的暹罗建筑艺术特点，但也夹杂着欧陆风格。

大皇宫建筑群共有建筑22座，其中最主要的建筑是4座各具特色的宫殿。这4座形态不一的宫殿分别是节基宫、律实宫、阿玛林宫和玉佛寺，它们从东向西一字排开。这些建筑物一色的绿色瓷砖屋脊、紫红色琉璃瓦屋顶，集泰国数百年建筑艺术之大成。

走进大皇宫，首先见到的是大片草地和姿态各异的古树。走进第二道门，是大皇宫里规模最大的主殿——节基宫，这是一座三层建筑物。节基宫采用四重檐多面式木结构屋顶，很有特点。另外，在屋顶的中央还建有一座尖塔，塔尖顶直插云霄，灿烂辉煌。节基宫的特点是它的基本结构属于英国建筑艺术，而它的殿顶却是泰国式屋顶。节基宫在1876年开始建造，

曼谷大皇宫

历代都有修缮。

律实宫坐落于节基宫之西。律实宫主要是国王、王后、太后等皇室人物举行丧礼的场所。在大皇宫的所有建筑里，律实宫历史最为悠久，这是因为律实宫是大皇宫内最先建造的皇殿。律实宫整体建筑样式保留了泰国传统建筑的特色。

阿玛林宫坐落在节基宫的东面，由阿玛灵达谒见厅、拍沙厅和卡拉玛地彼曼殿组成。阿玛灵达谒见厅是举行宫廷召见仪式的地方。拍沙厅是举行君王加冕礼的地方。卡拉玛地彼曼殿是君主们加冕后的官方住宅。

大皇宫里另有一座西式建筑，称为武隆碧曼宫，建于 1909 年。

大皇宫四周有高大的白色宫墙，间有堡垒、宫门和宫殿。

皇太后行宫

皇太后行宫坐落在泰国清迈黎敦山山丘上，建于 1986 年 12 月 23 日。行宫全部采用木结构，外观如同一座雕塑，简朴、实用又不失高雅。这座行宫的建筑设计具有中西合璧的特色，是以泰北传统建筑与欧洲瑞士典型的设计为蓝本建造的。整体构造具有北欧风情，但行宫的屋顶呈金字形，又有泰族的建筑风格。

皇太后行宫装饰很有特色。最具有建筑学研究价值的装饰有两处：一是一楼大厅的天花顶，上面满是用松木精琢而成的云彰图案；二是在行宫的二楼楼梯上，上面刻着从 1 到 9 再到 0 的 10 个数字，象征了人生命的轮回。

印度皇帝为爱建造泰姬陵

泰姬陵是印度知名度最高的古建筑之一，位于今印度距新德里200多千米外的北方邦的阿格拉城内，是莫卧儿王朝第5代皇帝沙贾汗为纪念他已故皇后泰姬·玛哈尔而建立的陵墓，被誉为“完美建筑”。有人把它称为象征永恒爱情的建筑。

一个动人的爱情故事

泰姬陵是世界上最动人心魄的建筑奇迹之一。它的兴建有一段缠绵悱恻的动人故事。

沙贾汗是印度莫卧儿王朝的第五位皇帝，在他统治期间，莫卧儿帝国在政治及文化上皆处于巅峰。15岁时，沙贾汗还是一位王子，他爱上了孟泰兹·玛哈尔。玛哈尔当时芳龄14岁，美丽聪颖。然而，沙贾汗必须按照传统，实行政治联姻，娶一个波斯公主为妻。幸运的是当时的法律规定男人可以娶4个妻子，因此，在1612年，沙贾汗终于迎娶了玛哈尔。

玛哈尔和沙贾汗皇帝婚后一起生活了19年，十分恩爱。1631年，玛哈尔因难产而死。沙贾汗悲痛欲绝，选定朱穆纳河畔的一块地方来建造爱妻的陵墓。他之所以选定朱穆纳河畔，是因为他从皇宫的窗口就可以望见。沙贾汗广招能工巧匠参与设计和施工。据说陵墓主要的设计师是乌斯塔德·伊萨·阿凡提，他先设计了多个图样。

沙贾汗最终选定了一座纯白色的建筑模型。这座陵墓于1631年开始动工，历时22年，每天动用2万役工，才最终完成，被命名为泰姬陵。为了建泰姬陵，沙贾汗耗竭了莫卧儿王朝的国库。

沙贾汗本来还计划用黑色大理石为自己建造一座一模一样的陵寝，但在1658年，他被儿子篡位，被监禁在镀金的牢笼里。他被囚禁了8年，每天只能隔着朱穆纳河凝望爱妻的泰姬陵。他在74岁死去时，两眼仍然凝望泰姬陵。

泰姬陵外景

一座令人心旷神怡的建筑

泰姬陵矗立在印度新德里东南的阿格拉平原上。它继承了左右对称、整体和谐的莫卧儿建筑传统。全部陵区是一个长方形围院，长 576 米，宽 293 米，占地 17 万平方米。

步入正门，是一个长 161 米、宽 123 米的庭院。正门前是第二道大门，在第二道大门前就可以看到远处正前方的陵墓。从第二道大门到陵墓，是一条用红石铺成的甬道，两边是人行道，中间有一个狭长的“十”字形喷泉水池。泰姬陵倒映在水中，闪闪发光。

泰姬陵修建在一座 7 米高、95 米长的正方形大理石基座平台上。基座正中是陵体本身。在陵体中，寝宫居中，总高 74 米，上面是一个直径 18 米的穹顶。穹顶顶部隆起一个尖顶，直指空阔的蓝天。陵墓四周还有四座 40 米高的圆形尖塔。这四个圆形尖塔立在基座平台的四角，仿佛是陵墓的卫士，永远恭顺而尽职地守卫在墓旁。

整个陵墓的设计，体现了“天圆地方”的概念。基座是方的，陵墓下部也是方的，高耸的大门也是长方形的，但大门的上部是圆弧形的门楣，经过圆弧形门楣，过渡到陵墓上方的圆形穹顶，给人一种圆润和谐的美感。穹顶四周的四个小圆顶同大圆顶交相辉映，具有一种匀称的美。基座四周的四座细瘦的尖塔，既突出了陵墓稳居正中的地位，又加强了整个陵墓“巍巍上云霄，一览众物小”的帝王气派。

泰姬陵有所创新的地方在于：泰姬陵没建在庭院正中间，而是建在庭院的里侧一角；泰姬陵背靠朱穆纳河，陵墓前视野开阔，没有任何遮拦；陵墓两边是同样形状的赤砂岩建筑，每座建筑有 3 个白色大理石穹顶。

陵墓内的镶嵌装饰也是精美绝伦。陵堂用磨光纯白大理石建造，窗棂是大理石透雕，精美华丽至极。装饰的题材多是植物或几何图案，重要部位如各面正中的大龛周围，雕有阿拉伯文箴言。陵内中央有个八角形小室，安放着沙贾汗及其爱妃的衣冠冢，四周围着镶宝石的大理石屏风。

泰姬陵全部由大理石建造，纯白的陵堂，简洁明净、清新典雅，也因此获得“大理石之梦”“白色大理石交响乐”的美誉。在破晓或黄昏时分，泰姬陵透出万紫千红的光芒，十分美丽，这也是泰姬陵最美的时刻。

泰姬陵的陵堂是运用多样统一造型规律的典范。大穹隆是构图的中心，而穹顶、尖拱龛等建筑形象相似，且颜色一致，形成了一种强烈的完整感。而这些穹顶、尖拱龛在大小、虚实、方向和比例方面又有着恰当的对比，使建筑本身统一而不流于单调。

作为一个完美的艺术珍品，泰姬陵充分体现了古印度建筑艺术的庄严肃穆、气势宏伟。

泰姬陵内景

日本安土桃山时代因战生堡

日本进入安土桃山时代以后，文化艺术方面发生了巨大的变革，具体到建筑艺术上来说，日本的建筑摆脱了宗教束缚，转向了人间世俗，并出现了一批华美绚丽的安土桃山建筑，如安土城、二条城等。有人说“真正意义的日本建筑始于安土桃山时代”。

城堡的来历

1573年，日本结束了战乱纷呈的局面，进入安土桃山时代。此前的战乱时代，各封建领主为了备战的需要，纷纷建立起很多城堡。就这样，在安土桃山时代，日本的城堡发展到了顶峰。

安土桃山时代的日本城堡具有以下特点：

一是日本战乱时代，各领国因为战争的需要，将原先建立在险要地形上的城堡改建在了平地上，一时间日本各地建满了城堡，而且这些城堡的规模都非常大。

二是这些城堡大多由城墙、壕沟和塔楼组成，而且城墙很厚，壕沟很深，塔楼很高。

三是这些城堡都有很多层，而且随着层数的增加，顶部越来越小，呈现出一种半截状的四棱体形状。

四是城堡的底部由大块石材建造而成，城堡的顶部由木材建造。

五是城堡的一些细部很有特色，如窗洞中间的小立柱和墙上的射击孔，这些设计构造其实是仿照同时代的西方城堡的。

安土城

16世纪中叶，日本爆发应仁之乱，战火纷飞，民不聊生。织田信长此刻起兵，以2000人的部队击败今川义元25000人的大军，因此名声大振。这之后逐步统一全国，并迁居京都，总揽全国大权。

因织田信长的大本营在岐阜，处理政务的地方在京都，他经常在岐阜与京都之间来回往返，非常辛苦。为此，他途中经常寄宿安土渔村的安养寺。织田信长为了寄宿的方便与安全，从天正四年（1576）开始，就命重臣丹羽长秀在安土渔村修筑新城。

安土城

修筑安土城是一项巨大的工程，丹羽长秀动用了10000名民工。而且为了确保安土城建造得更加完备，丹羽长秀还邀请京都等地优秀的建筑师参与设计建造。在丹羽长秀的主持下，花了约3年的时间，安土城终于修建完成。

安土城位于海拔100多米的山顶上，共计7层，高达65米。安土城下建有大道贯穿南北，沿路还兴建了民居、寺庙和武将居所。

天主台第一层是石墙，是仓库，用来放粮秣之用。在石墙之上，还建有第二层，该层竖立着204根柱子，用于支撑墙体，墙壁上还贴了金，并且绘制百鸟及儒者。第三层立有146根柱子，柱子上画有花鸟及贤人像。第四层有93根柱子，柱子上面画有竹子、松树等图案和花纹。第五层没有画任何图案，整体呈现为三角形。第六层整体呈现为八角形，这一层是织田信长亲自设计建造的，非常有特色。这一层外面的柱子漆的是红颜色，内部柱子则是包金箔，周围设有雕栏，雕梁上刻龟和飞龙图纹。墙壁外壁绘有恶鬼，内壁画释迦牟尼与十大弟子说法图。第七层，即最高层，室内外皆涂金箔，四柱雕龙。

二条城

二条城位于日本京都，是幕府将军在京都的行辕。

永禄十二年（1569），织田信长开始兴建二条城。天正元年（1573），这座城被烧毁。关原之战后的1603年，得到天下的德川家康重新修筑二条城。德川家康筑此城的主要目的是为了让德川的族人及武将在造访京都时，有个休憩的寓所。

二条城是江户幕府的权力象征。其最主要的建筑是本丸御殿建筑群和二之丸御殿建筑群，其中二之丸御殿建筑群是当时规模最大的建筑群。

二条城的建筑有日本安土桃山时代的样式特色，占地面积27.5万平方米，总建筑面积7300平方米。其中有六栋建筑物被日本政府鉴定为国宝级文物。

穿过二条城的大门，就是二之丸御殿。二之丸采用了唐门风格的装修，在江户时代是最豪华气派的装修。二之丸里设有若干个房间，其中最大的称为“远侍之间”。

二之丸内还有黑书院、白书院等建筑。其中黑书院是将军、亲藩大名和谱代大名会见心腹诸侯的场所，装修别致。白书院是将军的起居间和卧室，内部装饰有一些山水水墨画。

本丸御殿是二条城的中心建筑之一，这是一座五层的天守阁建筑。可惜，在1750年，这座建筑遭遇雷击，被大火烧毁。后来本丸御殿被重建。

二条城“本丸御殿”

二条城主要有三个庭园，即二之丸庭园、本丸庭园和清流园。这些庭园属于洄游式水庭院，水面曲回，泉流清澈，水池沿岸布置有湖石，水庭之中建有三座小岛。这些庭园的设计，具有同时代中国明代的风格，可见明代中国文化依然深深地影响着日本中央政权。

缅甸曼德勒皇宫及其碑林佛塔

曼德勒皇宫是缅甸最后一个王朝贡榜王朝的皇宫，位于曼德勒古城的正中央，皇宫内有104座大小殿宇。殿宇由缅甸特有的珍贵树种——柚木建造而成。而曼德勒碑林佛塔成为“世界上最大的书”。

曼德勒皇宫

曼德勒皇宫位于曼德勒古城的正中央，第二次世界大战时被火烧毁。1989年，缅甸政府开始依据历史图片和资料重建，恢复了89个主要大殿。

曼德勒皇宫是四方形，面积不大，长、宽各为2000米，但里面的建筑很多，皇宫内有104座大小殿宇，这之中包括国王上朝召见群臣的大殿、居室、嫔妃居住的后宫。

曼德勒宫殿分为东西两片，东片住着男眷，西片住着女眷，两片之间的分界线是金銮殿。在金銮殿的中央，高高地安放着国王的狮子宝座，宝座装饰得富丽堂皇。

在国王的狮子宝座下面，有一个大厅，是国王举行典礼和接见外国使者的地方。大厅和宝座之间有很多台阶，象征着缅甸国王的王权是至高无上的。宝座后面的内厅内供奉着“奈特”——“马哈吉里”的雕像。“奈特”是缅甸的神灵，有天、地、山、水等的自然神灵，也有家族和部族的祖先，甚至还有奴隶。“马哈吉里”保佑着皇权和皇家的世代安康与繁荣。

曼德勒皇宫的建筑看上去就像蒲甘王朝建造的佛塔，层层向上，一层比一层小。皇宫四周有高达9米的城墙，围墙每隔200米就有一个塔楼。而且城外还有一条宽为60米的护城河，护城河外的木栏杆把皇城和外面的世界隔开。

皇宫内有四道主门，八道边门。曼德勒建筑群全是红墙，边沿是黄色。远观耀眼夺目、金碧辉煌，近看雕廊画柱、精美绝伦。皇宫内整片建筑群均为木结构，精雕细刻，宏伟壮丽。

曼德勒皇宫

世界上最大的书

世界上最大的书在缅甸，它不是写在纸上的，而是雕刻在石头上的，它就是曼德勒碑林。

曼德勒碑林佛塔又名石经院，以“天下最大的书”著称于世。塔院面积 13 英亩，中央有一高耸的佛塔，四周有 729 块缅甸大理石碑林相围，上刻有全本三藏经文。石碑长 5 英尺，宽 3.5 英尺，厚度为 5 英寸。每块石碑都建有塔亭。碑林佛塔由缅甸贡榜王朝的敏东王所建，1860 年 10 月动工，1888 年 5 月完成，耗资 2 亿银元。

1870—1871 年，敏东王在曼德勒召开了第五次佛教集结大会，校对三藏经。敏东王曾宣布发现石碑上有一错字者奖赏一个金元宝，结果无人领到奖金。

这里的 300 多座塔中都有一方刻满经文的石碑，相传这些经文是当年唐僧西天取经的全部诗经。曼德勒碑林宏伟壮观，是缅甸一处极具代表性的景点。

日本鹿鸣馆和东京帝国饭店

日本明治维新之后，一切向西方学习。日本国内引入了西方建筑技巧、材料和风格，新建了一批与传统日式建筑不同的钢铁和水泥建筑。在这批建筑中，鹿鸣馆和东京帝国饭店最具典型性。

鹿鸣馆

日本明治维新后，在东京建了一所类似于沙龙的会馆，供西化的达官贵人们聚会玩乐，这个会馆就是鹿鸣馆。鹿鸣馆名称出自中国《诗经·小雅》中的《鹿鸣》篇。之所以取名鹿鸣，还有体现“鹿鸣，燕群臣嘉宾也”之意，意思即迎宾会客之所。

鹿鸣馆由英国建筑师乔赛亚·康德设计，于1880年开始建造，工程占地约1.45万平方米，历时3年，耗资18万日元。

建成后的鹿鸣馆是一座砖式二层洋楼，呈意大利文艺复兴式风格，兼有英国韵味。

1883年11月28日，鹿鸣馆开馆，并举行了典礼。日本外务卿井上馨与妻子主持这次典礼，参加开馆仪式的有包括各级官员、公使及亲王等1200多名权贵。

此后，鹿鸣馆就成为日本上层人士进行外交活动的重要场所。

1887年，首相伊藤博文专门在鹿鸣馆举办了有400人参加的大型化装舞会，还在自己的官邸举办化装舞会，将欧化之风推向高潮。人们把这一时期称为“鹿鸣馆时代”，把这时的日本外交叫作“鹿鸣馆外交”。

在日本人眼里，鹿鸣馆是日本近代欧化主义的象征，是日本建筑史上的一道风景。但在西洋人眼里，鹿鸣馆只是形式上对欧洲建筑的模仿，未得欧洲建筑的精髓。西洋人甚至讽刺鹿鸣馆是“东施效颦”。

鹿鸣馆后来几经转卖，最后于1941年拆除，曾是“文明开化”殿堂的鹿鸣馆至此销声匿迹。

东京帝国饭店

日本东京帝国饭店由设计师弗兰克·劳埃德·赖特设计，在 1922 年建成。东京帝国饭店是一座豪华的饭店，层数不高，平面大体为 H 形，内部有许多庭院。从建筑风格上来说，东京帝国饭店是西方装饰风格和日本传统装饰风格的混合风格，而在装饰图案中同时还夹有墨西哥传统艺术的某些特征。

东京帝国饭店在关东大地震时，因其特殊的设计结构而免遭于难，设计师赖特也因此一举成名。因为在设计东京帝国饭店时，赖特和参与设计的工程师们采取了一些新的抗震措施，连庭院中的水池都考虑到可以兼作消防水源之用。

东京帝国饭店的建成，使日本的建筑实现了由木结构到砖石结构的转变，这是日本现代建筑史上值得重视的事件。

东京帝国饭店是赖特建筑的代表作，饭店的每一个部分都充满了赖特独特的建筑创意。

不过，随着时间推移，东京帝国饭店日渐迟暮，最终于 1967 年开始拆除，1968 年拆毁。

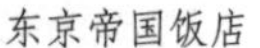
东京帝国饭店

韩国战后兴起现代建筑

韩国国立现代美术馆，其建筑既符合韩国传统审美特点，又可以满足各种国际性艺术展览的需求。世宗文化会馆是一座集演出、展览为一体的地下3层、地上6层建筑，深受广大市民和前来旅游的游客喜爱。

国立现代美术馆

韩国国立现代美术馆位于首尔附近的果川地区，建于1986年，设计师是金泰修与金仁锡。韩国国立现代美术馆占地面积73360平方米，地上三层，地下一层，是采用钢筋混泥土与钢结构建造而成。

设计师为了突出现代美术馆的韩国传统建筑特色，依据韩国传统寺刹的概念，让整座建筑呈现出寺刹的基坛形象，层层错落，每层都设置各种功能空间。另外，建筑的基座也装饰了花岗石，给人一种寺庙基座的感觉。但建筑的上部使用的是石块装饰，具有现代建筑的风格。

韩国国立现代美术馆主要由核心塔、中央展示厅、七个辅助展厅及露天雕塑花园等构成。

核心塔位于博物馆内中心位置，直径13.8米、高22.8米，顶部连接天窗。在核心塔右边是中央展示厅，主要用于举办音乐会、招待会等活动。

中央展示厅右侧的第一展厅，适合展示绘画、雕塑、工艺品。左侧的第二展厅主要用于展览最新的先锋艺术作品。

根据展览需要，第一展厅、第二展厅及中央展示厅也可合并为一个整体区域。同样位于一楼的第七展厅也可以分为两个空间，与第一展厅相连，常被用于展览那些对空间和照明有较高要求的当代艺术家的作品。

第三、第四展厅位于二楼，主要陈列1950—1980年韩国艺术家的作品。三楼的第五展厅主要展示雕塑和单色绘画作品。第五展厅对面的第六展厅目前主要展示工艺品和捐赠的艺术作品。

儿童美术馆位于二楼和三楼之间，于1997年对外开放。

美术馆室外的露天雕塑花园内陈列有超过60名韩国艺术家的艺术作品。

世宗文化会馆

世宗文化会馆位于韩国首尔钟路区，面积为 53202 平方米。

世宗文化会馆是一座集演出、展览为一体的地下 3 层、地上 6 层的建筑。会馆整体分为展馆与剧场两部分。展馆部分由美术馆和“光画廊”组成；剧场部分由拥有 3022 个座位的大剧场、小剧场和设有 7 国语言同步翻译的会议中心构成。

世宗大剧场共分三层，可同时容纳 3000 名观众。安放在舞台右侧的风琴是亚洲最大的风琴之一，这个风琴有着悠久的历史，使得大剧场更加古色古香。小剧场也能同时容纳 100 多人在上面表演。与其他剧场相比，小剧场颇具特色的音响设备大大提升了舞台的真实感。

会馆的美术馆则由主馆、别馆和新馆构成。会馆内还有艺术商店及艺术人会议室等。“光画廊”位于世宗文化会馆地下，是一座小型展馆。

此外，位于主楼后面的世宗艺术庭院每年都会举办各种题材的文化演出。

世宗文化会馆

新加坡独立后兴建现代建筑

新加坡作为华人国家和亚洲金融中心之一，其建筑既保持着华人的传统特色，又具有现代化的风格。新加坡著名的建筑有鱼尾狮、摩天观景轮和滨海艺术中心。

鱼尾狮

鱼尾狮是一种虚构的鱼身狮头的动物，已成为新加坡的形象代表。

新加坡有六座鱼尾狮雕像，其中最重要的鱼尾狮雕像位于新加坡鱼尾狮公园。该塑像高 8.6 米，重 70 吨，由雕刻家林浪新在 1972 年 5 月完成。

鱼尾狮的狮头设计灵感来源于《马来纪年》。据《马来纪年》记载，在 14 世纪时，一位名叫圣尼罗乌达玛的王子来到了新加坡。他一登陆就看到一只神奇的狮子，于是他为此岛取名“新加坡”，即“狮城”的意思。

鱼尾狮狮头鱼身，立在水波中，其设计概念是将现实和传说合二为一：狮头代表传说中的“狮城”，鱼尾代表新加坡从渔港变成商港的特性，也象征着那些从中国南方漂洋过海来到新加坡谋生的刻苦耐劳的新加坡华人的祖祖辈辈们。

鱼尾狮

该鱼尾狮雕像的狮子口中能喷出一股清水，设计十分巧妙。在鱼尾狮像背面还竖有四块石碑，碑文讲述了鱼尾狮象征新加坡的故事。

大鱼尾狮雕像的附近还雕塑有一座小鱼尾狮像。这座小鱼尾狮像也由林浪新雕塑完成，高 2 米、重 3 吨。鱼尾狮的狮身是用混凝土制作而成的，狮身的表面覆盖了陶瓷鳞片，而鱼尾狮的眼睛则是用红色的小茶杯制作而成的。

摩天观景轮

新加坡摩天观景轮，又名飞行者摩天轮，坐落在新加坡滨海中心填海而得的土地上。

新加坡摩天轮的设想首先产生于 2000 年。最初的设计类似伦敦眼，高 170 米。不过，很多人对这个计划嗤之以鼻，认为其缺乏原创性，没有人投资该计划。直到摩天轮的设计改变后的 2002 年，德国的两家公司投资了该项计划。

摩天轮的施工面积约 16000 平方米，共占地 33700 平方米。建成后的摩天轮有 42 层楼高，轮体直径达 150 米。庞大的摩天轮被安置在 3 层的休闲购物中心楼上。摩天轮拥有 28 个座舱，每个座舱面积 26 平方米。摩天轮可一次性容纳 28 名乘客，年最大载客总数达 730 万人。

摩天轮之下的三层休闲购物中心是一个商业零售餐饮市场，楼后面是拥有 40 个巴士车位的巴士停车场。

滨海艺术中心

滨海艺术中心位于新加坡著名的滨海区，于 2002 年 10 月正式落成，已成为新加坡的标志性建筑。其建筑师团队以昆虫的复眼为灵感，造就了滨海艺术中心独特的外观。但因为滨海艺术中心主体宛如两颗榴莲，又名榴莲壳。

滨海艺术中心不仅外观独特，而且极富有现代建筑特色。它有由 4590 片玻璃所组成的屋顶遮阳罩，其内部陈设充满了欧洲剧院风味。滨海艺术中心内部有音乐厅、戏剧院等空间。

音乐厅是滨海艺术中心的核心场馆，是世界上五个拥有这种尖端设计的音乐厅之一。音乐厅的表演舞台可容纳 120 位音乐家，最多达到 170 位。音乐厅中设有混响室，能够为每一场音乐会提供完美的音响效果。音乐厅的座椅分布在 4 层之中，可以容纳 1600 人。

戏剧院的舞台是新加坡最大的表演舞台，包括一个主舞台及两个与主舞台大小相似的辅助舞台。戏剧院采用了“盒中之盒”的设计，以隔绝外部的噪音。

日本代代木体育馆

日本代代木体育馆是亚洲第一位普利兹克建筑奖得主、日本建筑师丹下健三的作品。这座建筑物被称为 20 世纪世界上最美的建筑之一，是日本现代建筑发展的一个顶点。

为奥运会而设计

日本获得了 1964 年奥林匹克运动会的举办权后，特地聘请了日本建筑大师丹下健三设计了这座代代木体育馆。代代木体育馆高度的结构技巧和合理的平面布局，得到了全世界建筑行家们的广泛赞颂。

据说外国运动员进入这座陌生的体育馆时，丝毫没有紧张感，反而得到精神上的鼓舞和支持，能诱发运动员的最佳竞技状态。这是因为体育馆的室内空间组合恰到好处，对运动员都产生了积极的精神作用。一座建筑物居然产生了如此神秘的作用，确实是少有的。

代代木体育馆占地近 1 平方千米，由主馆、附馆和公共辅助设施三部分组成。主馆为游泳馆，附馆为篮球馆。

主馆与附馆

主馆游泳馆是用于游泳和跳水比赛的。另外，游泳池还有一个隐藏起来的活动盖子，盖上盖子，可以在上面举行柔道之类的比赛。

游泳馆空间庞大，最多可以容纳 16246 名观众。游泳馆的屋顶采用了一种称为“悬索结构”的新技术，能够创造出带有紧张感和灵动感的大型内部空间。其特异的外部形状可以追溯到日本古代的神社建筑，具有原始的想象力。

附馆篮球馆在主馆的西南面，那是举行篮球或拳击比赛的地方。篮球比赛时，可容纳 3831 名观众，拳击赛时占的场地小，可以容纳 5351 名观众。据说，从外看篮球馆，会发现其屋面扭曲得很厉害，就像一个正在发力的

代代木体育馆

运动员的身体姿态。运动员们喜欢这个体育馆，大概与这个原因有关。

代代木体育馆的游泳馆和篮球馆通过地下部分连接在一起，地下部分是办公室、公共辅助设施及运动员的练习场地等。

奇妙的建筑设计

值得一提的是，代代木体育馆是当代仿生建筑的杰出代表。这一个由瞬间的海浪旋涡而引发灵感的设计，其类似海螺的独特造型给人很强的视觉冲击。

代代木体育馆不仅在使用上、技术上现代化，而且其独特的屋顶设计，也体现了日本古建筑的传统特色，既式样新颖，又有浓厚的日本传统味道。

代代木体育馆是20世纪60年代的技术进步的象征，它脱离了传统的结构和造型，被誉为划时代的作品。该建筑是日本现代建筑发展的一个顶点，日本现代建筑甚至以此作品为界，划分为之前与之后两个历史时期。

世界豪宅之首安蒂拉

“安蒂拉”是古老神话传说中小岛的名字，它现在成了印度首富穆克什·安巴尼私家豪宅的名字。这座豪宅位于印度最大城市孟买市中心，其豪华程度不亚于阿拉伯王宫。2013年4月15日，美国福布斯公布了全球十大豪宅最新排名，排在首位的就是安蒂拉。

10亿美元造豪宅

安蒂拉豪宅是印度首富穆克什·安巴尼投资兴建的，由美国达拉斯的“Perkins+Will”建筑公司和洛杉矶的“Hirsch-Bedner-Associates”室内设计公司共同设计。该豪宅造价达10亿美元，是世界上最昂贵的私人豪宅。从2002年开始建造，于2009年1月正式完工。

穆克什·安巴尼生于1960年，2002年，父亲迪鲁拜·安巴尼去世后，身为长子的穆克什和弟弟安尼尔从父亲手中接过印度最大私营企业“信实”集团的继承权。公司的业务涉及石油、天然气、零售、生物科技和邮政、电信。

2005年，两兄弟分家。2007年，兄弟两人同时入选世界首富前20名，而穆克什·安巴尼以140亿英镑的净资产成为印度首富。

穆克什·安巴尼斥资10亿美元打造的豪宅，高173米，与一般60层的大厦相当。然而由于安蒂拉每一层的层高相当于普通大厦的3倍，所以它总共只有27层。其建筑面积相当于法国的凡尔赛宫，约11万平方米。

安蒂拉内部设施全都是世界顶级的，包括多个泳池、健康会所、巨型跳舞大厅，以及一间设有50个座位的迷你影院。全幢大楼每个房间的设计均风格独具，与其他不同。

最底6层是停车场，可同时停泊160辆汽车。豪宅中有9部升降电梯。大楼天台上有3个直升机坪，可乘坐直升机出入。安蒂拉建有4层空中花园，除了有节能效用外，还能够使室内冬暖夏凉。

第8层的酒店式大堂中装有9部电梯，而通往宴会厅的楼梯扶手全部覆盖白银，宴会厅天花板80%的面积都挂满水晶灯，内饰毕加索名画和金色吊灯。

最高数层用作安巴尼、其太太和3名子女的居室，面积合共3.7万平方米，比法国凡尔赛宫还要大。玻璃幕墙的设计，让一家人可俯览孟买的景色。

设计特点

安蒂拉豪宅

整座楼体上面2/3部分重量，主要是靠着第9～12层的4个空中花园两侧2组“W”形钢筋支撑，能抗8级抗震，令人有“空中楼阁”之感。安蒂拉的设计错落有层次，设有不同层次的花园绿色植物，这些绿化带将大厦不同的功能划分出来，中部的一个大花园将会议设施和停车场与上部的住宅隔开。

为了保留印度特色，豪宅内的建筑材料大部分都是印度制造的，如玻璃、钢材和瓷砖等均来自当地，并且采用了节能设计——大楼外部材料可以存储阳光，作为能源供日常使用。

安蒂拉的内部设计按照“当代亚洲”的风格承建，深受印度传统习俗“雅仕度”（类似于中国风水）的影响，楼内的设计风格也讲究类似中国的“藏风聚气”的原则。

穆克什打造的“世界头号豪宅”惊动了印度总理辛格。他呼吁该国商业领袖“避免炫耀消费”，而是争当“适度消费楷模”。